高职高专
艺术设计类专业
系列教材

U0358397

商业空间
展示设计

Commercial
Space
Display Design

龚　瑜
赵晨雪　编
林文静

化学工业出版社

·北京·

内 容 简 介

《商业空间展示设计》系统全面地阐述了商业展示设计的基本理论、操作流程、设计表达方法，涵盖了商业展示设计艺术和技术两大方面的知识技能。全书分为四个模块。模块一为设计准备，包含知识准备、技能准备和素质要求三方面，主要讲述了商业展示设计的概念、分类、材质选择、展示色彩、展示照明、展示设计图纸绘制及模型制作、展示设计职业岗位等基础知识。模块二为设计流程，主要结合实例讲述了商业展示设计的具体流程。模块三为设计实务，主要通过图文结合的方式对商业展示空间设计、橱窗设计、展具设计和商业品牌设计进行了实务性的讲解和分析，并指导设计实践。模块四为项目实战与赏析，包含了专卖店店铺设计、商业展会设计两种类型。

本书可作为普通高等院校艺术设计类学科的环境艺术设计、展示艺术设计、室内艺术设计、视觉传达设计等相关专业的师生教学用书，也可以作为相关企业和设计人员的参考用书。

图书在版编目（CIP）数据

商业空间展示设计 / 龚瑜，赵晨雪，林文静编.--
北京：化学工业出版社，2023.2
　　ISBN 978-7-122-42593-5

Ⅰ.①商… Ⅱ.①龚… ②赵… ③林… Ⅲ.①商业建筑—
室内装饰设计—教材 Ⅳ.①TU247

中国版本图书馆CIP数据核字(2022)第230579号

责任编辑：李彦玲　　　　　文字编辑：吴江玲
责任校对：张茜越　　　　　装帧设计：王晓宇

出版发行：化学工业出版社
（北京市东城区青年湖南街13号　邮政编码100011）
印　　装：盛大（天津）印刷有限公司
787mm×1092mm　1/16　印张8¾　字数224千字
2023年5月北京第1版第1次印刷

购书咨询：010-64518888　　　　售后服务：010-64518899
网　址：http://www.cip.com.cn
凡购买本书，如有缺损质量问题，本社销售中心负责调换。

定　价：49.80元　　　　　　　　　　版权所有 违者必究

Commercial
Space
Display Design

前　言

　　自1851年第一届世界博览会开始，展示活动就逐渐在社会经济和日常生活中发展起来。2010年上海世博会的成功举办，更是将展示设计的强大魅力展现在公众面前，展示活动在我国掀起了迅速发展的浪潮。随着现代商业活动的日益丰富、商业竞争的日趋激烈，商业展示设计在其中扮演的角色也越来越重要。当前，中国的商业展示设计业已经进入了高速发展时期，对拉动地方商业、广告、建筑、文化、旅游、餐饮、住宿的发展起到了很大的作用，成为经济发展中的朝阳产业，呈现出欣欣向荣的发展态势。

　　习近平总书记在党的二十大报告指出："统筹职业教育、高等教育、继续教育协同创新，推进职普融通、产教融合、科教融汇，优化职业教育类型定位。"职业教育被确立为教育完整体系上不可或缺的一种类型，坚持"为党育人、为国育才"，坚持产教融合、校企合作、工学结合、知行合一，培养更多适应经济和社会发展需要的高素质技术技能人才，更好地满足人民日益增长的美好生活需要。行业的发展亟需大量专业人才加入，商业展示设计特殊的综合性、广泛性和社会性，需要学习者和从业者具备更高的综合能力，才能更好地适应日新月异的展示行业发展需求。

　　从学科角度看，商业展示设计具有很强的综合性和跨界特质，它涉及了建筑设计、空间规划、视觉传达、产品陈列、市场营销、品牌策划、美学、色彩学、光学、心理学等相关领域。概括来说，就是通过采用视觉传达手段和色彩照明方式，借助特定的道具设施和陈列方式，营造商业展示空间，传播展品信息的一种创造性设计活动。成功的商业展示设计不仅能达到展示商品、促进销售等商业目的，还能提升品牌形象、提高企业知名度。当企业走向大型展会甚至走出国门的时候，还能凸显企业文化和民族特征，是展现企业形象和国家地区影响力的重要方式。

　　行业的发展亟需大量专业人才加入，商业展示设计特殊的综合性、广泛性和社会性，需要从业者具备更强的综合能力，要注重专业知识层面的广泛和专业技能层面的扎实，更需要具有总体设计思维和拓展创新意识，才能更好地适应日新月异的展示行业发展需求。

　　本书的编写旨在为商业展示设计教学和相关行业发展提供借鉴和启示。在编写过程中，力求在系统涵盖商业展示设计的知识点和设计方法的基础上，打破常规的教学套路，以任务目标为导向，以项目实践为驱动，以工作流程为抓手，注重实践性和可操作性。希望通过本书的学习，使相关专业的学习者能够对商业展示设计有一个基本而全面的认识，为今后的深入学习和工作打下扎实的基础，更好地实现课堂学习与工作实践的流畅衔接。

　　在编写过程中，书中引用了编者自身的实践案例和教学成果，对合作的同事、企业人士和学生表达诚挚的谢意。由于编者水平有限，书中若犹存欠妥之处，衷心希望各位前辈、同仁和广大学习者不吝指正。致谢！

编　者
二○二二年十月

目 录

模块三
设计实务 45

模块四
项目实战与赏析 81

活页式创新教材使用说明

本书为活页式创新教材，积极响应2019年国务院颁布的《国家职业教育改革实施方案》相关政策。与目前的普通胶装教材不同，本教材采用"活页手册"的形式，将全书分为任务知识手册（本书）及项目实训手册两部分，两册皆可单独使用及拆装。

本活页式创新教材具有以下主要特点：

一、活教活学

任务知识手册为任务专业知识资料集，既包括从商业展示空间设计准备到主题商业展示空间设计所涉及的理论知识、设计规范、设计流程、设计方法等内容，也包括商业展示空间优秀设计案例。教师可以根据学生实际专业情况，灵活替换、添加、更新教学内容，调整教学顺序；也可以根据学生实际学习能力，以课前自主预习、课上集中讲授或课后延伸拓展的形式开展教学。学生亦可结合多种网络学习平台等进行自主学习。

二、活用活取

项目实训手册包括随堂快题设计用纸以及后续项目实训草图用纸，结课资料可作为学生作品集以及教师教学成果展示用，具体项目实施以及实训基地选择可由教师根据本校实际情况和学生专业情况进行调整；每个项目实训任务后附有评分标准，教师可根据教学需要落实课程评价，及时得到课程反馈，调整后续教学。

Commercial
Space
Display Design

模 块 一

设计准备

 导读　随着现代商业展示活动的日益丰富，商业展示设计在人们生活中扮演的角色也越来越重要，人们不再仅仅把购物当成一种消费行为，还融入了很多情感体验。商业展示空间通过采用一定形式的视觉传达手段和色彩照明方式，借助特定的道具设施和陈列方式，完成一种创造性的设计活动，达到信息传播、吸引消费的目的。要掌握商业展示设计的方法，首先需要了解商业展示设计的概念、分类、材质选择、展示色彩设计、展示照明设计等基础知识，掌握商业展示设计的图纸绘制及模型制作手段，了解相关职业岗位及设计师应具备的知识结构与核心技能，初步认识商业展示设计的基本知识、基本技能和职业情况，完成商业展示项目设计的准备工作。

学习目标
① 了解商业展示设计的概念和分类。
② 了解商业展示设计的材质选择。
③ 掌握商业展示色彩和照明设计。
④ 掌握商业展示设计手绘草图、施工图和效果图绘制方法。
⑤ 掌握商业展示设计模型材料和制作方法。
⑥ 掌握商业展示设计师的知识结构与核心技能。
⑦ 了解商业展示设计对应的职业技能证书和设计岗位。

课程思政目标
在了解现代商业展示设计活动发展现状和动态的基础上，引导学生深刻体会到伴随着社会经济与文化发展，人们对美好生活的向往与追求的愿望是强烈的，是积极的，引导学生关注行业发展与社会经济、文化发展之间的密切关联，培养学生具有对行业发展及设计流行趋势的敏锐感知力和预测力。
通过对商业展示设计师知识结构与核心技能的学习，引导学生了解行业的岗位设置、企业对从业人员的要求、岗位所需的职业技能证书，建立良好的职业素养，培养自身不懈努力、勇于探索的奋斗精神和潜心钻研、精益求精的工匠精神，了解遵守国家法律法规、行业规范与标准的重要意义，培养诚信务实的职业道德观和责任意识。

 学习准备
多媒体教室或专业实训室，有网络环境。
单元一和单元三建议设置学习小组，每组4~6人，便于集中授课和分组讨论。
单元二建议采用单人学习方式，便于开展技能训练，需准备手绘工具、电脑及相关绘图软件。

单元一
知识准备

电子课件

一、商业展示设计的概念

随着商品社会的发展，商业展示活动越来越显重要，各种商业展示活动越来越频繁，商业展示活动的形式也越来越丰富。商业展示的作用已不仅仅是以出售商品为目的的简单活动。现代商业展示已成为与人们生活密切相关的商业活动和文化活动，是现代社会、文化的形式之一（图1-1～图1-3）。

图1-1 现代商业展览活动

图1-2 商业购物中心

商业展示空间就是在特定的商业建筑空间中经营者为了展示商品、传达信息、提供服务、吸引消费者发生购买行为所提供的空间场所（图1-4）。商业空间展示设计则是以信息传达，吸引并扩大购买客户群，以空间与形态设计、视觉形象、色彩、照明、声响演示为手段，在一段时间及特定的空间里将欲传达的内容表现给购买者和潜在客户群的一种空间传播形式。

图1-3 现代文化展览活动

图1-4 家居日用零售店铺

商业空间展示设计是一门涉及多领域的学科，包含以视觉传达设计为主的多维度空间设计、以信息传达设计为主的多感官设计、以创新设计为主的综合技术设计，是商品与顾客在特定空间内的一种交流方式，是构成人与商品之间对话、交流的艺术手段。

二、商业展示设计的分类

商业展示空间存在于生活的方方面面，与我们的日常生活休戚相关，商业类型也是多种多样，按照不同的分类原则会有不同的空间类型。常见的商业空间展示设计包含商业会展设计、博览会设计、超级市场设计、连锁店设计、专卖店设计及橱窗设计等。

1. 商业会展设计

商业会展设计主要包括展览会、展销会、交易会和博览会设计，此类展览是以会议、展览、大型活动等为载体，以城市文化、产业模式、消费结构为支撑的集体性活动，既具有观赏教育功能的社会效应，又具有推广销售的经济实效，在展出内容、时间、规模和形式等方面具有极大的灵活性。商业会展可分为：观赏型会展，包括各类美术作品展、珍宝展、民俗风情展等；教育型会展，包括各类成就展、历史展、宣传展等；推广型会展，包括各类科技、教育、新材料、新工艺、新设计、新产品成果展；交易型会展，包括展销会、交易会、洽谈会等（图1-5）。

图1-5 上海国际家具博览会

2. 博览会设计

博览会是文化和政治生活的现象，其意义在于展示某个国家的文化传统和文化创新成果，它不仅能影响社会、文化、行业等多领域的发展，还可以通过先进的智能技术及多样的销售模式营销。世界博览会由国际展览局批准为三种：普遍的、国际的和专业的。1851年英国伦敦举行了第一次国际工业博览会，本次博览会成为世界博览会开始的标志。从广义上来说，博览会也属于商业会展的一类，但除了具备商业会展的基本特征外，其更注重对品牌形象、文化传统的展示（图1-6、图1-7）。

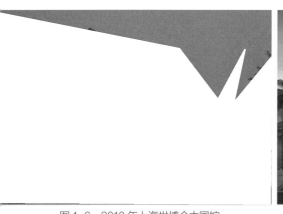

图1-6　2010年上海世博会中国馆

图1-7　2020年迪拜世博会中国馆

图1-8　成为重要零售业态的超级市场

图1-9　安踏连锁店设计

3. 超级市场设计

　　超级市场（Supermarket）也称综合超市、大型超市，是一种通过销售大众化实用物品，将超市和折扣店的经营优势结合为一体的，供人们自选销售的零售业态。开放性的空间动态是超级市场的首选，在方便顾客购物的同时扩大了商业机能（图1-8）。目前，超级市场的管理利用新兴科学技术代替人力，甚至出现了无人超市等，节约劳动成本的同时带动了空间布局形式的改变，使功能分区和人流动线更加流畅、科学的同时体现出"以人为本"的思想。

4. 连锁店设计

　　连锁店是指经营同类商品和服务的同一品牌的零售店（图1-9），其特点是众多的、小规模的、分散的。在品牌统一的设计编排下，设计风格、品牌营销、进货渠道等都采取集中安排的方式，最终规范化经营来达到经济效益目标。

5. 专卖店设计

　　专卖店是指专门销售或授权销售某一主要品牌的商品零售形态（图1-10～图1-14）。它不仅是公司品牌、形象、文化的窗口，也是商业展示设计中保障客源的基础，适应消费者对品牌选择的需求。

图1-10　女装专卖店

专卖店一般设在繁华商业区、商业街或百货店、购物中心内，注重品牌塑造，从业人员具备丰富的专业知识，并能提供专业知识性服务。

6. 橱窗设计

　　橱窗是商店临街的玻璃窗，用来展览商品样品，也有一些用来展览图片、海报等（图1-15）。橱窗以本店所经营销售的商品为主，巧用布景、道具，以背景画面装饰为衬托，

图1-11　男鞋专卖店

图1-12　家具专卖店

图1-13　护肤品专卖店

图1-14　手机专卖店

图1-15　店铺橱窗设计

配以合适的灯光、色彩和文字说明，是进行商品介绍和商品宣传的综合性广告艺术形式。作为当今最商业化的视觉艺术产物，橱窗是商业品牌与消费者最近距离的交流。消费者在进入商店之前，都会有意无意地浏览橱窗，因此橱窗的设计与宣传对消费者购买情绪有重要的影响，橱窗也被誉为商业展示中的"品牌灵魂之眼"。

三、商业展示设计的材质选择

在商业空间展示设计中，材质选择是一项重要的工作，设计师需要根据空间的使用性质和环境要求选择合适的材料，充分利用不同材料的视觉特性和质感效果，营造所需的空间氛围。装饰材料种类繁多，不同的材料在肌理、色彩、质感和视觉效果上各不相同，空间设计的创意和环境氛围的营造需要由合适的材质来支撑。

商业展示空间本身的商展属性，决定了其使用的装饰材料与一般的建筑室内装饰材料不完全相同，其中材料的审美性会是商业展示空间设计的材质选择中最重要的考虑因素，选用的材质必须具有较好的视觉显示效果和视觉冲击强度，使处于商业展示空间中的顾客感受到视觉的愉悦，吸引聚集更多的顾客，在充分表现空间主题的同时，实现空间的商业功能意图。同时为了达到展示空间所需要的与众不同的视觉效果，新材料和新技术的使用在设计和制作中格外受重视，因此商业展示空间也成为新型装饰材料及其制作技术的重要试验场（图1-16、图1-17）。

图1-16　由600多盏照明树脂鞋组成的墙面灯光装置　　图1-17　新型材料与传统材料的完美融合

1. 商业展示设计的材质特性

（1）色彩多样化

在商业空间展示设计中，色彩设计占有很重要的位置，对于渲染展示主题、烘托展示环境、体现展品在空间的表现力都起到非常重要的作用。材质色彩的多样性使商业展示活动的空间环境丰富多彩。赏心悦目的色彩、统一和谐的色调、富有韵律感和节奏感的色彩组合序列，能够创造出出色的商业空间展示环境，能够美化展品，给人带来视觉上、心灵上愉悦的审美感受（图1-18）。

（2）轻量化和高强度

现在许多商业展示空间都具有较大的内部空间，为了获得更强的视觉冲击力，许多设计也需要制作体形庞大的道具，如果材料过于笨重，就会给展示施工带来许多不便，所以要求材料具有高强度且轻量化的特点（图1-19）。以标准展示装备中的铝合金太空网架为例，十几米长的跨度可以保证其刚度，能获得大跨度的空间，并且便于展示照明系统的布置，而仅需一人就可将其抬起。

图1-18　材质的色彩表现

图1-19　轻量化、高强度材料

（3）高效组装和拆卸

商业展示空间具有较强的时效性，尤其是会展类和博览会，周期和布展时间都比较短暂，不可能像普通室内装潢一样有很长的施工周期，需要在短时间内完成复杂的搭建工作。这就要求材料的组装和拆卸性能要好，同时能根据展示要求的改变进行再次组装，反复利用，为商家节省开支的同时也能获得理想的展示效果（图1-20）。

图1-20　展位的现场安装

（4）安全性

商业展示空间中的人群流动性较大，现代商展空间的规模也呈现越来越大的趋势，因商展空间属于人群密度较高的中大型公共场所，所以材料的安全性尤为重要。安全性主要包括三个方面：一是无毒无味，二是对人体产生机械伤害的可能性较小，三是防火阻燃。

（5）标准化和低成本

由于商业展示空间使用周期相对较短，如材料成本过高，对企业和商家是较沉重的负担。然而商业空间展示设计中材质的低成本性并非意味着使用廉价的材料，可采用标准化材料，即使标准展示装备的一次性投资较高，但在反复多次使用后它的成本实际将大幅下降，同时又能保证展示效果。

2. 商业展示设计的常用材质

在商业展示空间施工中，常习惯于将材质分为结构用材和装饰用材两大类。结构材料多用于展示空间结构的展具组合和安装，装饰材料多用于展示设计面层的装饰性艺术处理。随着科技的发展和现代新型展示材料的不断出现，结构材料和装饰材料相互结合形成完美组合。

（1）结构用材

商业展示空间常用的结构材料分为木质基材和金属基材两大类，主要起到搭建和支撑的作用。

① 木质基材。木质基材包括木方和板材两类。

木方：指原木及原木制成的规格木方材，通常使用杉木、泡桐、白杨等木材制成（图1-21）。

板材：指以木材或其他非木材植物为原料，经一定机械加工分离成各种单元材料后，施加胶黏剂和其他添加剂胶合而成的板材或模压制品，常见人造板材有纤维板、胶合板、刨花板、细木工板等。

纤维板是将树皮、刨花、树枝等废料经破碎、浸泡、研磨成木浆，再经加压成型、干燥处理而制成的板材，又称为密度板。因成型时温度和压力不同，纤维板密度不同，可分为高密度板、中密度板（图1-22）和低密度板，其中前两种是常用的木基结构用材。

胶合板（图1-23）是用蒸煮软化的原木旋切成薄片，再用胶黏剂按各层纤维相互垂直的方向黏合热压成的人造板材，其层数成奇数，一般为3~13层，常用的有三合板、五合板、九合板等。制作胶合板常用的树种主要有水曲柳、椴木、桦木、马尾松等。

图1-21 木方　　　　　　图1-22 中密度板　　　　　　图1-23 胶合板

刨花板是利用施加或未施加胶料的木刨花或木纤维料压制成的板材（图1-24）。刨花板密度小、材质均匀，但易吸湿、强度低。

细木工板又叫大芯板、木芯板，是由木条或木块组成板芯，两面贴合单板或胶合板的一种人造板（图1-25）。由于板材构造均匀、质轻、幅面大、易于加工、胀缩率小、有一定强度，是木作基底的主要材料之一。

在商业展示空间中使用木质基材，通常要按照消防规范的要求，在基材的表面做防火的涂装处理，以达到所需的防火等级。

② 金属基材。金属基材指由金属材料制成的结构用材，常用金属基材有轻钢龙骨和其他金属结构。

轻钢龙骨：指以热镀锌板或带为原材料，经冷弯工艺轧制而成的金属骨架（图1-26）。它强度大、耐火、通用性好、安装简易，可用于装配纸面石膏板、装饰石膏板等轻质板材饰面，适用于顶面、墙面的基础材料及造型装饰。轻钢龙骨按用途有吊顶龙骨和隔断龙骨，按断面形式有V型、C型、T型、L型、U型龙骨。轻钢龙骨的外观质量要求外形平整，棱角清晰，切口不允许有影响使用的毛刺和变形。镀锌层不许有起皮、起瘤、脱落等缺陷。

其他常用金属材料有角铁、角钢、不锈钢、铝合金、管材、型材、球节展架等（图1-27）。

（2）装饰用材

① 贴面类装饰材料

图1-24 刨花板

图1-25 细木工板

图1-26 轻钢龙骨

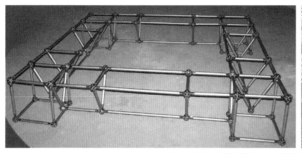

图1-27 任意型材——球节展架和角钢

　　a.三合板：三层胶合板，也叫木皮，常用作展台、展柜的侧板及饰面板材。

　　b.三聚氰胺板：全称为三聚氰胺浸渍胶膜纸饰面人造板，是将带有不同颜色或纹理的纸放入三聚氰胺树脂胶黏剂中浸泡，然后干燥到一定固化程度，将其铺装在刨花板、防潮板、中密度纤维板、胶合板、细木工板、多层板或其他硬质纤维板表面，经热压而成的装饰板（图1-28）。三聚氰胺板花纹逼真、色彩鲜艳、不易变形、耐磨性非常高，且价格经济。

　　c.薄木贴面装饰人造板：人造板表面用木纹美丽的薄木进行贴面装饰，是一种较为高级的装饰板材。

　　d.宝丽板、富丽板：宝丽板以胶合板为基层，贴以特种花纹纸面，涂覆不饱和树脂后表面再压合一层塑料薄膜保护层。表面平整光亮，硬度适中，防火、防潮、耐老化、易清洗。富丽板的构造与宝丽板（图1-29）基本相同，但表面无塑料薄膜保护层，因此耐热、耐烫、耐擦洗性能较差。宝丽板和富丽板可用于隔板、顶棚镶板、梁柱包裹材料、广告牌、展示台等。

图1-28 三聚氰胺板

图1-29 宝丽板

　　e.铝镁合金贴面装饰板：以硬质纤维板或胶合板作基材，表面胶贴各种花色的铝镁合金薄板。板材可弯、可剪、可卷、可刨，加工性能好，凹凸面可转角，圆柱可平贴，施工方便，经久耐用，不褪色，能获得富丽堂皇、豪华高雅的装饰效果。

　　② 合成类装饰材料

　　a.铝塑复合板：铝塑复合板是一种新型装饰材料，由多层材料复合而成，上下层为高纯度铝合金板，中间为无毒低密度聚乙烯（PE）芯板，其正面还粘贴一层保护膜（图1-30）。铝塑复合板是一种性能优良的材料，色彩鲜艳、装饰性强、耐候、耐腐蚀、耐撞击、防火、防潮、隔音、隔热、质轻、易加工成型、易搬运安装。

b.矿棉板：以矿渣棉为主要原料，加适量的添加剂，经配料、成型、干燥、切割、压花、饰面等工序加工而成（图1-31）。矿棉板具有吸声、不燃、隔热、装饰等优越性能。

c.防火板：又名耐火板，主要原料为硅质材料或者钙质材料，加入一定量的纤维材料、轻质骨料、黏合剂和化学添加剂混合制成的表面装饰用耐火材料（图1-32）。防火板色泽艳丽、花色众多、耐磨、耐高温、易清洁、防水、防潮、不易老化，是一种高级新型材料，适用于各种木质基层的表面。

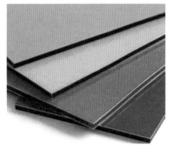  

图1-30　铝塑复合板　　　　　　　图1-31　矿棉板　　　　　　　图1-32　防火板

③ 塑料类装饰材料

a.亚克力：俗称有机玻璃，分为透明亚克力和彩色亚克力（图1-33）。亚克力具有极佳的耐候性，并兼具良好的表面硬度与光泽加工，可塑性大，可制成各种所需要的形状和产品。

b.有机板：是由以聚苯乙烯为主要原料构成的板材，无色、无臭、无味而有光泽、质轻价廉、吸水性低、着色性好，有一定的抗冲击性、耐候性和耐老化性，透光性好，能耐一般的化学腐蚀，可机械加工、热弯、丝网印刷、吸塑。

c.阳光板：是国内对于聚碳酸酯中空板的俗称，集采光、保温、隔音于一身，可遮阳挡雨，亦可保温透光，具有轻质、耐候、超强、阻燃、隔声等优良性能（图1-34）。

d.灯箱片：主要用于制作广告灯箱，可分为两类，一类为透明的，叫全透片，一类为半透明的，叫半透片，也叫太白片。

e.奶白片：又称乳白片，常用于灯箱上，透光性强，打光后能产生很好的效果。

f.KT板：是由聚苯乙烯颗粒经过发泡生成板芯，经过表面覆膜压合而成的一种新型材料，板体挺括、轻盈、不易变质、易于加工，并可直接在板上丝网印刷、油漆、裱覆背胶画面及喷绘，广泛用于广告展示（图1-35）。

 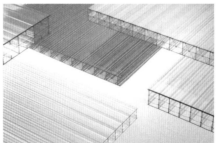 

图1-33　亚克力　　　　　　　　图1-34　阳光板　　　　　　　　图1-35　KT板

g.即时贴：是以纸张、薄膜或特种材料为面料，背面涂有黏合剂，以涂硅底纸为保护纸的一种复合材料，并经印刷、模切等加工后成为成品标贴。应用时，只需从底纸上剥离，轻轻一按，即可贴到各种基材的表面。

④ 金属类装饰材料

a.铝合金装饰板：又称为铝合金压型板，以铝、铝合金为原料，经辊压、冷压加工成各种断面的金属板材，具有重量轻、强度高、刚度好、耐腐蚀、经久耐用等优良性能（图1-36）。常用的有铝合金波纹板和铝合金穿孔板等。铝合金波纹板是世界上广泛应用的新型装饰材料，其表面经化学处理以后可以有各种颜色，产生较好的装饰效果，又有很强的反射阳光的能力，防火、耐潮、耐腐蚀，十分经久耐用。铝合金穿孔板是根据声学原理，利用各种不同穿孔率以达到消除噪声的目的，材质轻、强度高、耐高温高压、耐腐蚀、防火、防潮、化学稳定性好，造型美观、色泽优雅、立体感强、装饰效果好，组装也很简便。

b.不锈钢板：借助于不锈钢的表面特征来达到装饰目的的板材，经不同的表面加工，可形成不同的光泽度和反射能力。不锈钢板耐腐蚀性好，安装方便，装饰效果好，具有时代感。

c.彩色不锈钢板：在不锈钢板基础上进行技术性和艺术性加工，使其表面成为具有各种绚丽色彩的装饰性不锈钢板材（图1-37）。彩色不锈钢板色彩丰富，是一种非常好的装饰材料，同时具有抗腐蚀性强、机械性能较高、彩色面层经久不褪色、色泽随光照角度不同会产生色调变幻等特点。

图1-36　铝合金装饰板　　　　　　　　图1-37　彩色不锈钢板

d.彩色涂层钢板：是指在镀锌钢板、镀铝钢板、镀锡钢板或冷轧钢板表面涂覆彩色有机涂料或薄膜的钢板。它一方面起到了保护金属的作用，另一方面起到了装饰作用。涂层附着力强，可长期保持鲜艳的色泽，并且具有良好的耐污染性能、耐高低温性能和耐沸水浸泡性能。另外，加工性能良好，可进行切断、弯曲、钻孔、铆接、卷边等工序。

⑤ 玻璃类装饰材料

a.磨砂玻璃：是用金刚砂磨过或以化学方法处理过表面粗糙的半透明玻璃。具有一定的透光性，内置灯光可达到很好的展示效果。

b.U型玻璃：是一种型材玻璃，因而其强度大于普通平板玻璃。由于表面有压细花纹，因此对可见光产生漫反射，对外既不产生光污染，对内又避免眩光。它又能自由组合成类似中空玻璃的安装，所以具有隔热、保温和防结露等功能。

⑥ 石膏类装饰材料。石膏板是以石膏为主要材料，加入纤维、黏结剂、改性剂，经混

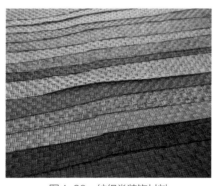

图 1-38　纺织类装饰材料

炼压制、干燥而成。具有防火、隔音、隔热、轻质、高强、收缩率小等特点，且稳定性好、不老化、防虫蛀，可用钉、锯、刨、粘等方法施工，广泛用于吊顶、隔墙、内墙的装饰。装饰石膏板包括普通平板、孔板、浮雕板、吸声板、嵌装式装饰石膏板以及浮雕艺术等。装饰石膏制品具有防火、隔音、吸声、美化、高雅的装饰艺术效果。

⑦ 纺织类装饰材料。各类纺织品也是很好的装饰材料，如帆布、硼砂、弹力布等（图1-38）。纺织类材料具有半透明、颜色多样、质量轻、制作方便等特点，还可作简单印刷。作为一种软材料，具有一种亲和力，柔软、温暖、友好、随意、可塑，给人的心理感受是深刻和无限的。

四、商业展示色彩与照明设计

1. 商业展示色彩设计

人们对色彩的感觉与生俱来，在观察事物的时候，首先引起视觉反应的即是色彩，其次感受到大致的形体，再次着眼于线，最后才聚焦于点。

在商业展示设计的诸多因素中，色彩是最直观也最容易影响人心理活动的设计因素，色彩设计在其中有着特殊的地位和作用。商业展示空间中的色彩设计成功与否，对消费者的视觉和心理感染力有着明显的影响作用，因此色彩的重要性不言而喻。

（1）色彩在商业展示设计中的功能

我们面对色彩时，心理会受到影响而引起变化，应用色彩功能来增强展示商品的销售和竞争能力，以及配置商品色彩来诱导和激发参观者的购买欲望，是商业展示设计的最终目的。

① 色彩的空间暗示。在特定的空间环境中，色彩依附于诸多的造型元素之上，根据造型大小、聚散、渐变形成了丰富的节奏感和韵律感，色彩随着造型的变化改变明度、纯度形成一种空间的视觉暗示。如暖色与纯度高的颜色给人前进感，冷色与纯度低的颜色则有后退感，这种距离感是由眼睛对色彩波长与折射程度所造成的视网膜相距的差异而产生的。有意识地利用色彩的视觉效果，可以暗示展示空间的变化。

② 色彩的心理提示。在商业展示设计中物品的陈列和布局是按照一定逻辑发展安排的，从主题发展的脉络上，以一种逻辑思维上时间和空间的延伸，形成心理上的时间和空间的共鸣，使消费者感受到虚构时空的转换。色彩本身具有强烈的装饰功能，受装饰效果的影响，消费者直接激发色彩的心理感受。如暖色调的墙面和地板，会给人一种舒适的感受，而水泥色则会给人一种冰冷感。色彩依明度、色相、纯度而千变万化，会影响人的心理，也就是说，色彩功能在不知不觉中对我们的心理起到了提示作用。

③ 色彩的情感影响。色彩在空间中可以传递情绪，不同的色彩可以营造不同的环境氛围，在商业展示中通过色彩可以传递丰富的信息，从而影响观者的内心情感。在设计中要善于发现不同色彩与情感的关系，如绿色象征着生命、安全和信任，红色象征着奔放、革命和危险，蓝色象征着崇高、冷静和宽广，黄色象征着阳光、华贵和丰收，黑白系列里白色代表着纯洁、明朗和清澄，黑色则代表着神秘、庄重和沉默。商业展示设计中经常需要用到上述色彩和色系调节消费者的心理情感，从而通过传达某种特定空间的商业信息理念直入人心产生共鸣。

（2）色彩在商业展示设计中的设计原则

① 统一性原则。商业展示设计要按照总体设计的要求，对整个展示的空间、道具、展品、装饰、照明等方面色彩关系进行统一的整合规划，形成系统的主题色彩基调。各部分的色彩要统一起来考虑，以便形成整体感，避免色彩环境的支离破碎（图1-39）。

② 文化性原则。在表现商业展示空间色彩时，要按照色彩的基本原理进行设计，全方面、多层次地把握色彩三要素：色相、明度和纯度。色彩与人们的心理和情绪联系紧密，如色相在不同的文化语境下会因观者的年龄、性别、职业、性格、宗教信仰和生活环境等而产生强烈的影响。在色彩设计中就要综合考虑，只有这样才能够确保商业展示中的色彩方案符合文化传统，并发挥设计价值（图1-40）。

图1-39　色彩的统一性　　　　　　　　　　图1-40　色彩的文化性

③ 突出主题及品牌形象原则。在商业展示设计中，往往将点、线、面这类构成元素运用在整体的设计之中，通过比例与尺度、对比与统一、节奏与韵律、重复与渐变、多元与统一及错觉的视觉方式，大胆巧妙地运用色彩，可以突出展示的主题，有利于凸显企业及产品的品牌形象，传递品牌价值（图1-41）。

（3）色彩在商业展示设计中的构成

① 展示环境色彩。展示环境色彩是指展示空间的三界面，即吊顶、地面、墙面三者的色彩设计将对环境的协调起主导性作用，同时也决定着展示空间色彩的基调（图1-42）。

图1-41　色彩的品牌形象　　　　　　　　　图1-42　展示空间中的环境色

② 展示展品色彩。展品色彩是展示设计的中心和主体，其他色彩因素都是为了美化和衬托展品色彩，充分展现展品色彩的魅力而存在的（图1-43）。

③ 展示道具色彩。道具色彩设计是为了衬托展品色彩而存在的。当道具的面积相对较大时，应该注意道具色彩的统一性。

④ 展示光源色彩。灯光有着美化或加深展品印象的作用，同时对统一展示空间的色彩有一定的作用（图1-44）。

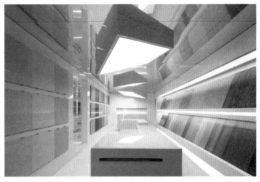

图1-43　展示空间中的展品色　　　　　　　　图1-44　展示空间中的灯光色

以上色彩组合要素构成了商业展示空间的基础色彩，在商业展示空间色彩设计中应做到色调的变化与统一，形成完美的展示色彩环境。

（4）色彩在商业展示设计中的特点

商业展示色彩设计所应达到的效果总的来讲应该是既统一又有个性的和谐整体，即整个商业展示空间的色调是协调统一的，同时各个空间又有其自身的特色。如何体现现代商业展示设计的色彩美，需要注意色彩在展示空间设计中的以下几个特点。

① 整体性。对展示空间环境起决定作用的大面积色彩即为主导色，也称主体色调。确定的主体色调要与展示内容主题协调，在展墙、道具、展品、空间造型、照明等方面都应该服从于主体色调，形成完整系统的色彩空间。

② 丰富性。色彩设计不仅要统一，还要有变化，这样展示才会更有生气。选择调节色和重点色时，由大到小，在统一中求变化，以构成展示的活动色彩。利用色相、纯度、明度、肌理的对比营造有规律的变化，给人以色彩丰富的感受。

③ 突出性。在展示活动中，局部色彩设计要服从总体色调设计，同时要考虑产品的个性特点，选择色彩要有利于突出产品，使主题形象更加鲜明。

④ 情感性。消费者的生理、心理色彩情感与反应是色彩计划定位的基点，展示空间色彩设计具有左右观者视觉和行为的能力，因此把握消费者对色彩的心理感受，充分利用色彩对消费者产生的心理感受、温度感、进退感等引导消费者有兴趣地关注商品是商业展示空间色彩设计追求的目标。

（5）商业展示中色彩设计的方法

① 展示色彩的对比。把两个以上的色系放在一起，比较其差别及其互相间的关系，称为色彩对比的关系，简称色彩对比。展示中的色彩对比是由展品与展品、展品与展具、装饰物，以及背景的色彩差别决定的（图1-45、图1-46）。正确有效地处理这些差别的组合和对照关系，是获得良好色彩效果的关键。展示色彩主要包括以下几种对比方式。

a.明度对比。对展示色彩的应用来说，明度对比是决定配色的光感、明快感、清晰感以及心理作用的关键。

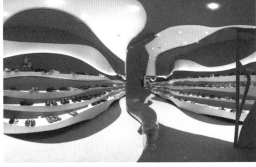

图1-45　展示色彩的对比（一）　　　　　　　　图1-46　展示色彩的对比（二）

b.色相对比。由于色相差别而形成的色彩对比效果，其对比强弱程度取决于色相之间在色相环上的角度距离，距离越小对比越弱，反之则对比越强。

c.纯度对比。不同的色相不仅明度不同，纯度也不相同。有了纯度的变化，才有了丰富的色彩。同一色相即使纯度发生了细微的变化，也会带来色彩性格的变化。

d.冷暖对比。冷暖对比是将色彩的色性倾向进行比较的色彩对比。色彩的冷暖对比是色彩对比中比较明显的一种形式，色彩的冷暖对比不可能孤立存在，其中色相、明暗等色彩因素必然与之相伴。

e.面积对比。这是一种多与少、大与小之间的对比。

f.同时对比。当我们看到任何一种特定的色彩时，眼睛都会同时要求看到它的补色，如果这种补色还没有出现，眼睛就会自动地将它产生出来。正是由于这个事实，色彩和谐的基本原理才包含了互补色的规律。

② 展示色彩的搭配

a.同类色搭配。同类色也称为单色。同类色搭配是一套颜色通过加入黑色或白色使之变深或变浅进行搭配，在色相相同的情况下纯度发生了变化。同类色搭配给人以柔和、协调的印象，适合用来塑造一些光影过渡和层次构成效果（图1-47）。

b.邻近色搭配。色环上相邻的颜色互为邻近色。邻近色的搭配是在颜色过渡中强调一种和谐与变化，所搭配的色彩数量在选择上相当丰富，它可以是两到三套色的组合，或者是以彩虹似的多套色不等的形式搭配，可以是边界鲜明，也可以是边界模糊融合，搭配的手段广泛，不受限制（图1-48）。

图1-47　展示色彩的同类色搭配　　　　　　　　图1-48　展示色彩的邻近色搭配

c.对比色搭配。色环上两个相隔相对较远的颜色相配，这种配色效果比较强烈。其中

图1-49　展示色彩的对比色搭配

互补色相配能形成非常鲜明的对比，具有强烈的视觉冲击效果，处理得当会收到较好的效果（图1-49）。

d.灰度色彩搭配。将色彩的纯度降低，与灰色调和，成为一种高级灰，虽然被划分为灰色系，但它们的色相还是相当丰富的，只是纯度都普遍降低，色调柔和、儒雅，不事张扬，内敛中能够显示出一定的品位格调。

色彩搭配是综合知识的过程，要结合色彩美学、色彩心理学、色彩民俗学、色彩市场定位等方面来完成，色彩的搭配设计必须在统一协调的基础上再进行相应的变化。

2. 商业展示照明设计

（1）照明在商业展示设计中的作用

商业展示照明的目的一方面是为了照亮环境，突出商品，给商业空间适宜的环境亮度；另一方面则是为了渲染空间氛围，使消费者融入商业展示环境，激发消费意愿。

① 突出商品特征。商业展陈设计中的光影，具有烘托商品造型、渲染商业空间氛围的作用。较好的明暗对比关系，可以使商品投影明确，立体感强，利用光影的强弱形成丰富的层次关系，较完美地展现商品的造型。

② 丰富空间层次。通过调整照明的亮度差异及色彩变化来进行商业展示空间的区域划分，其优点是既能进行功能分区，又能保持商业展示空间的整体性和流动性，从而让空间具有很强的适应性，以应对商品的灵活布展。照明既可以从平面的角度划分展示区域，也可以从三维的角度丰富展示空间的层次，利用光线的明暗变化、照射区域大小、光色差异打破空间的均质性，在整个空间中进一步划分空间层次，从而有目的地去利用这些空间层次进行商品的摆放（图1-50）。

③ 营造空间氛围。对环境气氛的烘托是照明极为重要的一种特性。不同商品的展示需要配合不同的空间气氛，根据商品特点、环境条件、投资状况等，选择合理的照明布局方式，就可以营造出符合商品展示的空间氛

图1-50　丰富空间层次

围。通过商业展示空间氛围的营造，进一步突出展示的主题（图1-51）。

图1-51　营造空间氛围

④ 传达情感体验。光影方面运用对比、冷暖、组合的变化等手段营造出独特的空间氛围，传达出一些精神意义，使消费者在光影下产生不同的心理联想。比如，站在明亮通透的光环境中，令人联想到宽广和自然，使人心情愉悦；而昏暗的光环境则令人联想到阴暗、神秘，使人感到压抑、谨慎。因此，这种由展示照明传达出来的心理暗示是更有意义的情感体验。

（2）商业展示中照明设计的原则

① 功能性。商业展示空间的照明应根据不同的商品和空间，打造个性化的照明形式，以便达到突出商品主体、烘托空间氛围的目的。其中照明设计包含了照明的角度、照明的照度、照明的方向、照明的距离等，这些不同的功能性参数影响着整个商业展示空间。

② 艺术性。在商业展示设计中照明设计的质量可以决定整体设计的艺术品位，好的灯光设计可以提升空间整体设计的艺术魅力。因此，在应用光的技巧上，更要讲究光的强弱对比、光的色彩感觉，将光的性能有机地体现在商品上，使之与商业空间的环境造型和风格相一致，同时增加空间层次，渲染环境气氛，让消费者得到艺术性的享受，从而提高商品的档次（图1-52）。

③ 安全性。照明设计要求绝对安全可靠。包括照明的电源、线路、开关等，要做好线路的安全设置和安全措施。注意电源走线的安全性，要确保接地的连续性，可以采用绝缘的管线，同时还需要采取严格的防触电、防断路等安全措施，以避免意外事故的发生。

（3）商业展示中照明设计的类型

① 基础照明。所谓基础照明是指大空间内全面、基本的照明，重点在于能与重点照明的亮度保持适当的比例，使商业展示空间形成风格与格调。基础照明通常采用泛光照明，进行基本照明的光源照度要适当，避免让消费者有不适的明暗适应（图1-53）。

图1-52　照明的艺术性

基础照明的照度不宜过高，除了某些区域为了有意识地引导和疏导人流，利用灯光的强弱作一些示意性的照明外，其他区域的基本照明都不宜超出商品陈列区域的照明，这样可以避免空间的凌乱感和嘈杂感，创造出具有艺术感染力的光环境。作为整体照明的光源，通常选用比较均匀、全面性的照明灯具，也可以沿展厅四周设置泛光灯具，作为临时性的照明，还

图1-53　基础照明

可以利用泛光灯具照射天花，获得较柔和的反射光。有时为渲染气氛，还采用一些特殊的照明手段，如激光发生器、霓虹灯等。

② 局部照明。同基础照明相比，局部照明是指对主要场所和对象进行的重点投光。因此局部照明又称为重点照明，具有明确的目的性，旨在突出商品的材质美、色彩美、色泽美，展现商品的价值感，以吸引消费者视线，渲染情绪（图1-54）。局部照明通常增加其照度到基础照明的3~5倍。

展柜照明、版面照明及展台照明是商业展示中局部照明的三种主要方式。

展柜照明中一般采用顶部照明的方式，以侧逆光来强调商品的立体效果。可俯视的矮型展柜可利用底部透光来照明，如果用低压卤素灯照明，应采用带有遮光板的射灯，并调好角度以减少眩光的干扰。

版面照明一般为墙体及展板等垂直表面照明，可采用展区上方安装轨道射灯和在展板的顶部设置带灯檐的荧光灯等照明方式，前者聚光效果强烈，适用于需要突出的商品照明，后者光线柔和，适用于文字、照片等照明。

展台陈列实物，可采用上下、左右、前后等不同方向的照明，一种是采用射灯、聚光灯等，以主光、侧光配合展现商品的立体效果；另一种以侧逆光来突出产品的轮廓和强调产品的整体效果，一般情况下，灯光的照射不宜平均，方向上可有所侧重。

③ 装饰照明。除了对商业展示空间内部的基本照明和展品的重点照明之外，还剩下的一部分光线照明是为了渲染空间氛围，突出空间主题，营造空间层次，这部分照明就是装饰照明，又称为"气氛照明"。在装饰照明中，一般采用装饰吊灯、壁灯、挂灯等形式，同时注重灯光色彩的使用，适当处理展示陈列中的装饰照明，能够产生强烈的吸引效果（图1-55）。

（4）商业展示中照明设计的方法

① 光源和灯具的选择。不同光源在光谱特性、发光效率、使用条件及价格上都有各自的优缺点，因此应根据具体使用的场所进行光源类型的选取。一般情况下，商业环境基础照明通常采用紧凑型荧光灯、白炽灯、卤钨灯、高强度气体放电灯；重点照明采用卤钨灯、白炽灯、T3和T4直管荧光灯；装饰照明选择低压卤钨灯、高强度气体放电灯、特种光源等。选取灯具应该在确定光源后进行，在选择灯具时，既要考虑商业展示空间的设计风格，也要考虑到设计应达到的光照效果。

② 照明形式的选择。在商业展示照明设计中，不同的展示主题需要不同的光环境。在光的环境塑造中，主要有以下四种照明形式。

直接照明形式：光线由照明工具直接发出，其中有90%~100%的发射光通量到达被照射的物体上，这样的照明形式被称为直接照明。

图1-54　局部照明

图1-55　装饰照明

间接照明形式：照明工具的光配置是以10%以下的发射光通量直接到达被照射的物体上，剩余的发射光通量（90%~100%）通过反射间接地作用于被照射的物体上，这种照明形式被称为间接照明。

半直接照明形式：照明工具的光配置是以60%~90%的发射光通量向下并直接到达被照射的物体上，通过光的反射作用来达到照明的效果，这种照明形式被称为半直接照明。这种照明形式多用来强调物体的主次，而照明工具则多采用半透明的材料。

半间接照明形式：照明工具的光配置是以10%~40%的发射光通量直接照射到物体上，而剩余的发射光通量（60%~90%）是向上的，对被照物体只是间接地起作用，这种照明方式能够使被照物体得到更多的照明，光线对比相对较弱。

③ 光影的表现。光与影是不可分割的一个整体，二者都具有丰富的艺术表现力，光影艺术在现代商业展示照明中被大量应用（图1-56）。

光的形态和亮度、照射的角度、物体的透明度、投影面的材料质感等因素都会影响光的影子的形态。当我们使用集中光进行照明时，物体的外轮廓比较清晰，而经漫反射光照射的物体所产生的投影轮廓则比较柔和；小角度的光照射所产生的投影容易形成一团，而大角度照射产生的投影则比较细长；反映在材料质地比较光滑的投影面上的影子轮廓形态比较清晰，而在粗糙材料投影面上的影子轮廓比较模糊；不透明物体产生的影子外轮廓线比较实，半透明物体产生的影子则有点虚等。

④ 光色的表现。不同的光源会产生不同的光色，光源的颜色可以用色温来表示（图1-57）。光源颜色按其色温不同会给人以冷或暖的感觉。一般以色温大于5000K的为冷感，常称冷色；色温在3300~5000K为中间感，常称中间色；色温小于3300K为暖感，常称为暖色。利用这种关系达到最佳的展示设计效果，主要有以下几点需要注意。

光源带红色有温暖稳定的感觉，随着色温的升高，会产生由白而蓝的变化，凉爽、清新、富有动感。

要强调特定色彩，应利用波长不同、色光不同的光源。要营造气氛，需在灯具上加装滤光片，滤光片分红、蓝、绿和琥珀四色。蓝色滤光片可制造庄严气氛和夜幕感；琥珀色可以使背景富有戏剧性，制造热带气氛；绿色光主要用作色彩对比和制造神秘气氛；红色最好不要用来直接照射展品。

图1-56　照明的光与影

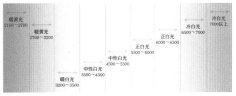

图1-57　色温与光色（单位：K）

单元二
技能准备

电子课件

一、商业展示设计草图构思和手绘

1. 商业展示设计草图构思

　　草图是体现设计创意的最好表现形式，这是对设计概念分析结果的切入和深化的过程。通过草图可以解决商业展示空间的总体布局、空间的组织和变化，制定商业展示空间的整体风格、装饰形式，确定展示道具的设计，以及空间色彩关系等内容（图1-58、图1-59）。

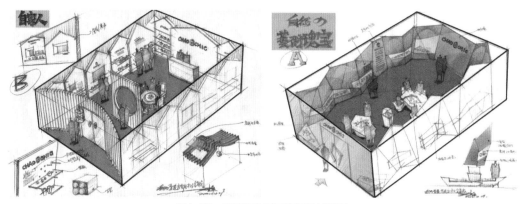

图1-58　手绘商业展示空间设计草图

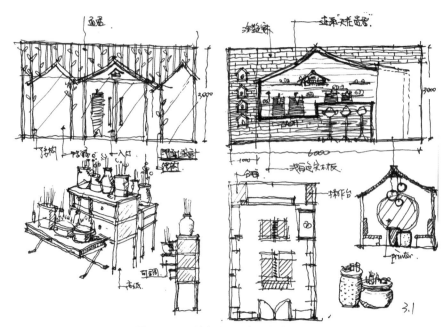

图1-59　手绘商业展示空间方案草图

2. 商业展示设计手绘

商业展示设计常用的手绘技法包括钢笔淡彩法、马克笔法和彩色铅笔法，其他手绘技法如喷绘法和水粉渲染法因其工具和操作技术要求等局限，如今已经逐渐从手绘表现领域退出。

（1）钢笔淡彩法

钢笔淡彩通常用碳素墨水线稿加透明水彩色来表现，适宜设计方案的快速表达。水彩因其独特的以水晕染和空灵透明的质感，作为一种相对传统的设计表现形式在现代商业展示设计手绘中依旧非常活跃。在前期的设计构思阶段，因为水彩画工具携带较为轻便，表现的形式呈现活泼生动的状态，效果表现比较明快绚丽，创作方式自由，所以设计师们经常用水彩来创作设计草图（图1-60）。

（2）马克笔法

马克笔是各类专业手绘

图1-60 商业展示空间钢笔淡彩

表现中最常用的画具之一。马克笔颜料透亮而鲜明，颜料附着于纸面，颜色丰富并且可以多次叠加，是一种快速、简洁的渲染工具，且体量小巧方便携带。对于快速的表达，需要运用大胆、强烈的手法表现时，马克笔是首选的工具。

马克笔在展示设计中的应用面非常广。在前期的设计构思阶段，因为马克笔工具的轻便，效果明艳，所以设计师们常用马克笔在白纸上来直接勾勒创作设计草图。在方案草图设计推敲中，马克笔经常搭配硫酸纸（具有纸质纯净透明的特点）使用，因而具有易于手工描绘修改的特点，多应用于展示设计中对方案各个形式的推敲。中后期的设计深入表达阶段，设计师通过对马克笔的运用，既可以在短时间内直观地体现出设计物体的形态、质感、颜色，描绘出生动直观的画面效果，又能简单明确地表达出设计师们的想法与构思（图1-61、图1-62）。

（3）彩色铅笔法

彩色铅笔容易掌控，刻画细节能力强，颜色饱和度高，色彩细腻丰富。在商业展示手绘设计中是一种常用的表现工具。在手绘设计图中，由于彩铅本身的特性，通常易于表现出清爽明快的效果，它便于携带且可以配合马克笔一起使用，同时也解决了马克笔颜色不够齐全的缺陷，使画面效果更加生动，还可以配合马克笔用来刻画一些物体比较细致的材质特点（图1-63）。

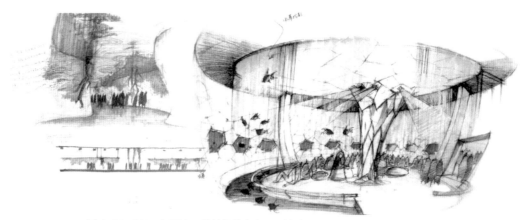

图1-61 2008年西班牙萨拉格萨水资源世博会中国馆概念设计马克笔效果图

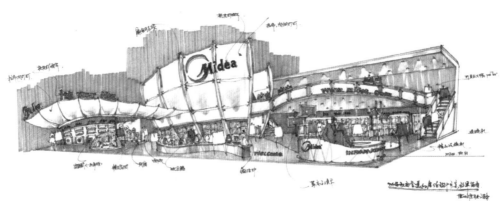

图1-62 美的集团展台设计马克笔效果图

图1-63 商业展示空间彩色铅笔效果图

二、商业展示设计施工图

1. 商业展示平面图

（1）平面图的概念

商业展示设计中的平面图是以正投影原理画出的水平投影图，是表达商业展示空间的规模、面积、区域划分、流线走向以及空间构成的设计。商业展示平面图的设计与绘制，应体现出区域方位、动线设计、空间构成三方面的内容。

（2）平面图的内容

① 总平面图作为整个商业展示区域的规划蓝图，往往由室外和室内空间两部分组成。室外空间一般包括建筑物、通道、广场及绿地，平面图一般可采用1：500、1：1000等较小的比例绘制。室内空间一般包括建筑平面结构形式、展示区域的划分等，平面图一般可采用1：100、1：200的比例绘制。

② 某一展位、展览单元或局部展示区域的平面图，应反映出其平面结构、形状、尺度及平面布置，商品展示空间的占有情况及其展示方式，一般可采用1：50、1：30、1：20等比例绘制。

③ 平面功能分区图。

（3）平面图的制图要求

① 图线：平面图中被剖切的主要结构部分，如墙体、柱断面等的轮廓线用粗实线；没有被剖切的可见部分轮廓线及展示区域划分用中实线；展品、引出线、尺寸标注线等用细实线。

② 尺寸标注：平面图中应标注的尺寸有展示空间的总体尺寸，建筑空间的总体尺寸和各开间的尺寸，展示单元和展示物空间占有尺寸，剖切符号和详图、索引标志等。

2. 商业展示立面图

（1）立面图的概念

展示立面图反映的是竖向的空间关系，是以正投影原理画出的立面投影图，其中反映主要或比较显著空间特征的那一面称为正立面图，其余的立面可按空间区域位置而定。

立面图主要表达展示区域或建筑物内部立面空间关系、展示道具的立面造型及展品的立面位置等。立面一般选用1：100、1：50、1：30等比例绘制。立面图因不同的表现要求，一般可以用室内墙立面图表达，有的则需要以室内剖立面图表达。

（2）立面图的制图要求

① 图线：为了加强立面图的图纸效果，使外形清晰、层次分明，习惯上建筑物可见轮廓线用粗实线，展示摊位、展示道具轮廓线用中实线，展品、引出线、尺寸标注线用细实线。

② 尺寸标注：立面图应标注的尺寸有建筑空间的总体尺寸和各开间、柱子的空间尺寸、层高尺寸和标高尺寸，展示摊位、道具的高度和宽度尺寸及主要结构造型尺寸，展品空间占有尺寸。

3. 商业展示剖面图

（1）剖面图的概念

为了表达展示物构件或展示道具的内部结构、形状和工艺，用一平面剖切展示物构建或展示道具，然后将其前面的部分移开，对后面部分进行投影，这样得到的图形称为剖面图。

剖面图是与平、立面图相互配合的不可缺少的主要图样之一。剖切平面一般为横向，即平行于侧面，必要时也可以为纵向，即平行于立面。其剖切位置应选择能显露出所表达对象比较复杂或比较典型的内部构造部位。

（2）剖面图的制图要求

① 图名：剖面图的图名一般要以剖切、铺切符号编号，编号要采用阿拉伯数字，应与平面图上所标注的剖切线编号一致。

② 图线：被剖切到的断面轮廓线用粗实线，未被剖切到的其他可见结构或造型轮廓线可用中实线或细实线。引出线、尺寸标注线用细实线。

③ 尺寸标注：剖面图应标注的尺寸有被剖建筑空间的总体尺寸和轴线符号，建筑空间的总体尺寸和各开间尺寸，被剖展示道具造型主要结构尺寸，详图、索引标志。

4. 展具设计制图

（1）展具设计制图的概念

展示道具主要包括陈列橱柜、展台、展架、展板、灯箱、沙盘和模型等，展具设计制图一般需要表达出长、宽、高三个方向的尺度和造型，因此这类制图宜采用正投影的三视图来绘制。

展具设计三视图绘制多采用1：25、1：20、1：10或1：5的比例，节点大样图采用1：2或1：1的比例，施工图要注明材料、数量、工艺做法、色调和质量要求等。

（2）展具设计的制图要求

展具设计制图中图线要求剖切到的断面轮廓线用粗实线，可见部分用中实线，剖面图中材料图例、引出线、尺寸标注用细实线。

为施工绘制的展具设计制图往往涉及各种材料、工艺及结构组合，需要详图来表达出节点所用的各种材料及规格，因此在绘制过程中尤其要认真细致，并注意图纸完成后的检查核对。

图1-64为无界珠宝店铺施工图，是对商业展示设计施工图相关知识的综合应用。

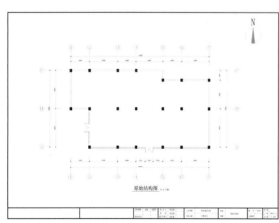
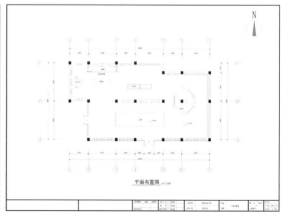

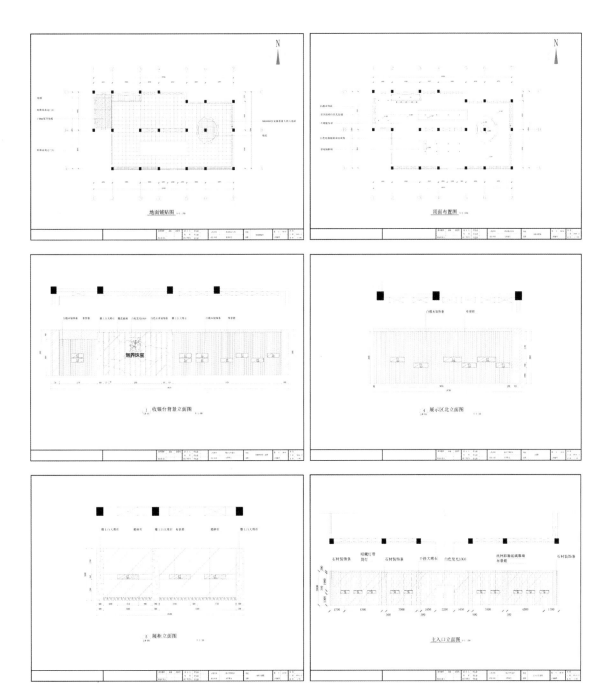

图 1-64　无界珠宝店铺施工图

　　施工图尺寸和标高标注说明：按工程制图规范，图中的尺寸单位均为 mm，高度单位均为 m。各制图符号按常用工程制图符号解释。后同。

三、商业展示设计效果图

　　越来越强大的电脑硬件和专业设计软件（SketchUp、3ds Max）的运用，可以借助电脑图形技术生成商业展示空间的三维效果图，推敲、研究、展示各个空间的效果和展示路线，对展示空间做出评估。效果图的表现是设计呈现的关键，在图纸的表现上应着重体现设计创意的主题和氛围（图1-65 ～图1-68）。

图 1-65　2010 年上海世博会中国馆概念设计效果图

图 1-66　展示空间 SketchUp 效果图

图 1-67　2008 年西班牙萨拉格萨水资源世博会中国馆概念设计
效果图

图 1-68　格力展区效果图

四、商业展示设计模型制作

商业展示模型是商业展示空间的微缩模型，是按照一定的比例将展示物微缩而成的模型，是传递解释商业展示设计项目、设计思路的重要工具和载体。商业展示模型作为设计人员的专业语言，是体现设计意图的一种直观表现形式，它能使空间关系、材质、色彩以更真实的形式反映出来，同时有助于设计人员及时对设计进行调整。商业展示模型的制作代表了一种创造性构思的过程（图1-69）。

1. 商业展示模型的常用制作材料和工具

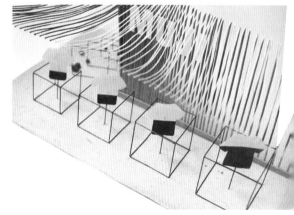

图 1-69　商业展示空间模型制作作品

（1）制作材料

商业展示模型制作常用的材料可分为纸类材料、板材类材料、其他材料和黏合剂。

纸类材料：卡纸、绒纸、吹塑纸、各色装饰纸、各色即时贴等。

板材类材料：ABS板、PVC板、三合板、五合板、聚苯板、钙塑板、铝塑板、有机玻璃等。

其他材料：喷漆、海绵、泡沫塑料、图钉等。

黏合剂：溶剂型黏合剂，如丙酮、氯仿；强力黏合剂，如502强力胶、504强力胶、801强力胶、泡沫胶、立时得等。

（2）制作工具

刀具：墙纸刀、美工勾刀、单双面刀片、木刻刀、剪刀等。

度量工具：丁字尺、三角板、三棱比例尺、钢板尺、钢板角尺、卷尺等。

切割工具：钢丝锯、电热钢丝锯、电动钢丝锯、手持式圆盘形电锯、钢锯、锯割机。

修整工具：普通锉、整形锉、特种锉等。

钻孔工具：手摇钻、手持电钻、各式钻床。

辅助工具：台虎钳、桌虎钳、手虎钳等。

其他工具：砂轮机、木工刨、手锤、钢丝钳、板材干燥器、圆规、等分规、各种铅笔、镊子、鸭嘴笔、各种曲线板、橡胶模板尺、电烙铁、电热恒温干燥箱、电炉、电吹风、注射器、电脑雕刻机等。

清洁工具：毛笔、油画笔、板刷、吹气球等。

2. 商业展示模型的设计构思

（1）比例的设计构思

商业展示模型制作比例的确定可参考平面图绘制比例，如果平面图缩小的比例太大，按其比例不便于制作展示模型时，可适当放大模型的比例。展示模型与展示环境的比例通常为1：30、1：40、1：50、1：60等，模型内所有的展示物缩小比例应一致，要避免出现比例混乱导致模型失真的现象。模型托板周边要根据模型的面积留有一定比例的边框。

（2）形体的设计构思

真实实体缩小后，在视觉上会产生一定的误差。一般来说，采用较小的比例制作而成的单体模型，在组合时往往会有不协调之处，应适当地进行调整。

（3）材料的设计构思

制作商业展示模型之前要选择好相应的材料，应根据商业展示设计的特点选择仿真的材料。在选择材料时，既要求材料在色彩、质感、肌理等方面能够表现原商业展示设计的真实感及整体感，又要求材料具备加工方便、便于艺术处理的特质。

（4）色彩和表面处理的构思

色彩和表面处理是商业展示模型制作的重要内容之一。色彩的表现是在模拟真实建筑的基础上，注重视觉艺术的运用，注意色彩构成的原理、色彩的功能、色彩的对比与调和及色彩设计的应用。要表达出商业展示模型外观色彩和质感效果，需要进行外表的涂饰处理，涂饰不但要掌握一般的涂饰材料和涂饰工艺知识，更要了解和熟悉各种涂饰材料及工艺所产生的效果。

3. 商业展示模型的制作步骤

① 根据模型的比例，将各种材料下好，下料的尺寸要比实际所需尺寸略大一些，留出加工量。下好的毛料要标注好名称、尺寸、数量，并分组存放。

② 对毛料进行加工，加工时注意直角、圆弧等线形的规范，以免组装时变形。

③ 对加工完成后的材料先进行局部黏合、整体组装，再按平面位置固定于托板上。

④ 清洁已安装好的展示模型，对外溢的胶合剂、棱角、转折等不整洁的地方进行清洁、磨平处理，以便于下一步做表面装饰。

⑤ 对需要体现设计色彩和整体效果的模型局部进行适当的表面装饰，在装饰处理时要做到用色准确，装饰面积比例严格。

⑥ 展示模型完成后要有设计标题栏，标题栏的内容包括展示名称、模型设计者、模型制作者、模型比例、制作时间等，一般固定于展示模型托板的右下角。

单元三
素质要求

一、商业展示设计师的知识结构

商业展示设计师应具有的基本素质、基本能力、基本理论和基本知识构成了创造型展示设计师的基本知识结构。

① 基本素质。商业展示设计师应具备的基本素质主要指的是毅力和动力。毅力是对展示设计责任感的体现，是一种对设计坚强持久的意志；动力是推动展示设计事业前途和发展的力量，是事业心的表现。

② 基本能力。基本能力是商业展示设计师胜任展示设计事业的主观条件，能力以完善的管理为基础，是指接受与综合新思维的能力、自我提高与探索的能力、群体智慧与设计管理的能力以及解决专业展示设计的实践能力。

③ 基本理论。指的是现代展示设计的方法论和现代设计学科的专业基础理论。

④ 基本知识。指的是与现代展示设计相关的社会科学、横向科学和自然科学的知识。

二、商业展示设计师的核心技能

① 具有较强的专业基础知识，如与展示设计有关的建筑设计、环境艺术设计、视觉传达设计、产品设计等相关领域的知识。

② 具有扎实的展示设计表现技法和制图方面的基本功，如绘制高水准的设计预想图和制作精致模型、掌握依照国家标准规范绘制的制图技术等，并能熟练掌握电脑辅助设计的语言，科学、准确和快捷地表达展示设计方案。

③ 具有敏锐的设计洞察力和较高的艺术鉴赏力，不间断地关注国际国内展示动态，以及其他设计文化的艺术流派和风格的趋势。具有广博的文化素养，善于从各类艺术中汲取创造灵感。掌握创造性思维方法而创作出合理新颖的展示设计方案。

④ 善于发现和应用新的科技成果，充分运用新材料、新工艺、新技术，以体现现代展示设计的前沿性和时代感。

⑤ 具有一定的政治、哲学、历史、地理以及人文等方面的知识，由此可扩展展示设计思维。

⑥ 有较强的组织管理和协调公关能力，善于团结协作和接受他人对展示设计方案的合理建议与意见。

三、商业展示设计对应的职业技能证书和设计岗位

商业展示设计对应的职业技能证书主要包括陈列师、装饰美工、室内设计员和会展设计师，其中陈列师相关度最高。

陈列师就是布置卖场和橱窗的人，他们通过对产品的相互关系、内在含义、价值定位、品牌文化以及销售战略等方面的展示，利用艺术的、文化的甚至另类的手段引起顾客对商品的兴趣，满足消费者体验产品内涵和服务品质的需求，从而最大限度地开发出产品

潜在的附加值，达到商业的目的。

陈列师从专业来说包括陈列装饰顾问、橱窗陈列设计师、百货陈列设计师、服装陈列设计师、布艺陈列设计师五类。在他们眼里，每件商品都是有生命的，当然，也都拥有各自的表情。而陈列师的责任就是通过自己的思想和双手，让人们看到商品不同的表情，让城市拥有不同的表情。招聘此类职位的一般是大型百货商店、卖场、专卖店等，商品陈列师的主要工作职责是使商品陈列的形态吸引更多顾客眼球。陈列师首先是设计师，能够进行陈列设计，还须了解市场，对公司文化有透彻了解，理解、解读公司品牌宣扬的标准和文化，并渗透到设计思想和理念中，善于将艺术细胞和经济头脑结合。在招聘时，用人单位一般要求有本科（或专科＋业界经验）以上学历，美学功底深厚，有一定陈列工作经验。

陈列师的职业发展方向通常为：陈列员—陈列师/陈列助理—陈列主管—陈列经理。

陈列师岗位职责和要求如下。

（1）岗位职责

① 负责店铺陈列调整及日常店铺陈列维护。

② 根据每月主题安排及更换橱窗、模特及店铺陈列。

③ 根据新款产品的到货期及时更换货架陈列及模特搭配。

④ 负责新开店各项安排及开店支持。

⑤ 负责展览展示设计，控制材料、灯光、色彩的组合运用及整体效果的搭配。

⑥ 协助更换卖场内的应季宣传画及POP。

⑦ 负责店铺员工的货品FAB与陈列的实操培训。

（2）岗位要求

① 富有创造性并对流行趋势敏感，具有强烈的销售意识与良好的沟通技巧。

② 熟悉橱窗及店铺陈列流程。

③ 精通展览展示设计，熟悉各类业展会展示风格。

④ 有较强的审美能力、美术表达能力和色彩感。

⑤ 拥有成功设计案例，熟悉展览工程、工艺结构，有独立风格的三维创意。

⑥ 头脑清晰、敏捷，具有分析客户心理的能力，有责任心及良好的团队协作意识。

模块二

设计流程

导读 商业展示设计是一种以空间环境为基础，诉诸视觉传达的信息传递形式，因此它不仅是一项空间设计活动，也是一项涉及市场资讯、消费心理、广告营销、陈列艺术等领域的整体策划活动。商业展示设计的实质就是策划商品信息的传递方式、方法和空间。任何一项商业展示活动都是一个总体设计，需要按照一定的设计程序与步骤来实现商业展示设计的计划和目的。一项成功的商业展示设计活动离不开周密合理的运作，它通过一整套系统有序的设计流程来实现，包括项目启动、设计调研、概念设计、设计制作、工程施工等阶段，这些步骤是一个循序渐进、相互关联的过程，在设计流程进行中也可能会出现循环往复的情况，但最终目的都是为整个商业展示设计活动服务，完善准确地传递企业与所展示商品的各项信息。

学习目标
① 了解商业展示设计的流程。
② 掌握项目启动、设计调研、概念设计、设计制作、工程施工各环节工作内容和实施要求。
③ 掌握商业展示设计项目的流程分析与策划。

课程思政目标 在了解现代商业展示设计活动如何开展的过程中，引导学生初步建立市场意识、行业意识、顾客需求意识这些基本的职业素养，通过掌握商业展示设计活动流程，树立科学的工作方法，培育严谨务实又敢于实践创新的工作精神，培养团队合作意识和交流沟通能力，明确与社会经济、行业发展共同进步的时代担当。

学习准备 多媒体教室或专业实训室，有网络环境。
本模块建议设置学习小组，每组 4~6 人，便于集中授课和分组讨论。

单元一
商业展示设计流程

电子课件

一、项目启动

商业展示设计项目启动时，首先需要和项目客户方进行项目洽谈，了解展示意图。此阶段在项目流程中为项目洽谈阶段，内容包括：

① 客户方阐述项目需求及展示意图。

② 设计方提交本公司资料（包括公司简介、业绩与成果资料、服务收费方式、资质文件与经营范围），领取客户标书。

③ 确定项目负责人，编制工作计划与日程表。

二、设计调研

商业展示设计项目的前期调研非常重要，调研工作的完成度和完成质量直接影响后期的设计深化和施工能否顺利进行。此阶段在项目流程中为设计调研阶段，内容包括两个方面。

1. 客户调查与研究的内容

① 委托人情况。

② 联系人名称、部门、联系方式以及展会工作人员情况。

③ 商业展示项目名称与类型(专业、半专业、公众)。

④ 商业展示项目拟建规模及时间安排。

⑤ 商业展示项目所处位置及周边环境。

⑥ 展示的主要内容，展品类型、数量，展品资料等。

⑦ 展示的目标人群。

⑧ 客户的资金预算、造价标准。

⑨ 客户的企业形象系统（CIS系统）及相关图文资料。

⑩ 客户的设计意图，使用功能及展示效果。

⑪ 客户的整体市场战略及广告计划。

⑫ 对同类企业展示计划的调查。

⑬ 对类似企业成功案例的研究，收集相关设计资料。

2. 展示空间现场调查与研究的内容

① 对商业展示项目所处建筑环境及结构体系进行测量及分析，包括建筑面积、建筑层高及结构构件的尺寸测量，为后期空间的划分收集数据资料。

② 查看项目场地原有出入口数量及位置，分析交通路线以及空间内的人流动向。

③ 考察项目场地内的采光条件及设备（通风、供水、照明、供暖、消防）分布情况，分析现存条件对展示设计的有利及不利影响。

④ 分析场地周边环境，从而组织好展示项目外部空间的交通及停车。

⑤ 完成现场勘测，用拍摄照片、文字记录的方法具体了解现场情况，各项施工要求以及运输，交通，现场施工条件等。

三、概念设计

提出概念设计方案是商业展示设计的初步阶段，主要是在前期调研的基础上，通过对收集的资料进行整理、分析及对客户的招标文件的研究，经过与客户反复沟通，提出一个设计方案，确定展示的设计主题、设计定位、设计观念与风格、空间划分、展示流线、展示道具、展示形式、展示色调、展示照明等，通过直观的效果图形式表现出来，并完成设计投标竞标。此阶段在项目流程中为方案设计及投标阶段。

① 概念方案设计，即通过设计师创意构思，以展示总体造型、展示陈列方法等设计来体现展示空间的设计主题，用具象的设计语言来表达抽象的展览主题与设计定位，但此时是概括性、总体性的。内容包括：总体概念、空间与平面布局分析、人流与动线分析、陈列方案分析、照明分析、材料与色彩分析、广告图形创意方案、其他装饰与家具配套方案。

② 设计说明，即通过设计师图文并茂且清晰的表达，包括展示设计总体概念与特点，以及设计的依据与理由和设计的各项内容与要求。

③ 设计表现，即通过设计师用电脑效果图或模型或手绘草图等各种方式向客户明确地表达设计师的预想展示效果。

④ 初步设计概算，即大体估计展示项目总体资金概算，包括搭建成本、广告成本、家具与配套等需租用的成本、运输、拆除成本等，以及保险费、设计费、工程管理费、场馆管理费、税费等。

⑤ 综合上述各项，形成完整的方案设计报告书：包括设计图册、大幅面展板、PPT文本演示及主要材料样板。

⑥ 交付投标文件：主要包括方案设计报告书、设计计划表、报价书、主要负责人简介等文件（如果设计费包含在工程费中，则招标同时还需提供工程施工预算合同及初步施工计划等相关文件），参加投标会，向客户做全面的设计介绍，展示设计方案，解释设计与回答各方面的问题。

⑦ 签订设计合同（或者工程合同：设计费包含在工程费中）。

四、设计制作

设计方案经过设计方与客户方的沟通，最终得到客户方确认后，就进入了设计制作阶段。这一阶段的工作不仅仅是图纸的详细绘制过程，更是一个设计过程。因为绘制图纸的过程也是对设计方案的可实施性进行推敲的过程，绘制过程一旦发现设计方案中存在的问题，就需要及时加以调整，以便让后期的施工正常进行。此阶段在项目流程中包含方案深化设计、施工图纸制作、设计文件审查与完成三个阶段。

1. 方案深化设计阶段

方案深化设计阶段的主要内容是对设计方案的可实施性进行推敲，这一阶段是方案设计能否实现设计想法的关键，如果在此阶段不做认真分析，施工的过程中就可能会出现很多问题，严重的会导致施工无法进行而使整个设计方案被推翻。所以在此阶段必须认真考虑施工过程中可能会出现的问题，从而在方案的深入过程中加以解决。

① 确定展示空间的划分、所采用的结构体系及构造形式。

② 确定展示道具所使用的材料及其构造形式。

③ 进行施工前的具体尺寸确定。

④ 展示照明灯具、装饰品的确定等。

这一阶段实施过程如下。

① 初步设计会审：客户方和设计方双方进行设计研讨，人员主要为展览经理或负责人及相关人员（市场、广告、工程方面人员）、设计师、施工项目经理等，客户方在设计方案的基础上提出问题、各项具体要求，双方互相探讨。

② 设计方修改方案：设计师根据客户意见修改与完善方案，深化设计方案，直到双方达成共识，形成明确设计定案。

③ 客户方审批设计方案：客户方最后审批与确定最后方案。

2. 施工图纸制作阶段

商业展示项目施工图纸的完备是工程顺利进行的前提条件，施工图纸既需要准确反映客户方的展示需求，也是施工单位完成施工任务的依据。如果说初步设计图纸的绘制是给客户方准备的，那么施工图纸则是为施工人员准备的，因此必须绘制得详细才能确保施工人员按照预想的设计方案进行施工。

施工图纸的内容除了展示空间的装修图纸、展示道具的制作图纸，也包括展示工程设计的电气、给排水、通风、消防、弱电等各工种的施工图纸，具体包括：平面布置图、平面间隔定位图、地面平面图、天花平面图、立面图、主要剖面图、大样图、电气设计图、结构设计图、材料与家具及配套设备图表、图纸目录等。

这一阶段实施过程如下。

① 安排各项设计工作，进行设计分工：根据预先计划，设计负责人召集参与设计人员开会安排工作与时间控制。包括项目主持人及助理、绘图员、平面设计师、电气和结构等其他专业设计人员。

② 设计文件准备：除了上述施工图纸的绘制外，还需完成广告图形设计图纸，多媒体、动画、网页等电脑文件，最后完成三维效果图，展台、展柜等局部效果图等图纸的绘制，以及撰写设计方案说明、施工工艺与图纸说明等内容。

③ 将全部文件装订成图册，并附电子光盘，送交客户与场馆管理部门进行审查。

3. 设计文件审查与完成阶段

① 客户最后核实所有设计参数，详细做法及尺寸，审批与确定最后施工文件。

② 项目场馆管理部门审查施工各项技术、各项设计参数与施工技术是否符合场馆施工规定与要求，消防与安全是否有问题。

③ 完成最后修改文件，将图纸装订成图册，并附电子光盘，送交相关部门。

五、工程施工

在展示项目施工阶段，设计人员应给施工方做好施工前的方案答疑、技术交底工作，以及在施工过程中需要进行的设计变更工作。此阶段在项目流程中包含工程招标、施工配合、竣工三个阶段。

1. 工程招标阶段

如果设计与工程分开，设计方还需配合客户选择施工单位，参加工程招标会，作为设计顾问解答设计与施工的技术问题。如果是合在一起的，则在设计招标时就需要确定工程的招标。在可能的情况下，施工单位应让前期中标并绘制施工图纸的设计单位来完成，以免人为地造成设计与施工之间的障碍，不能很好地将设计想法落实。

2. 施工配合阶段

施工阶段是将设计方案逐渐变成现实的过程，这一过程不只是由施工单位控制，更需要设计人员主动参与施工过程。施工过程也是检验设计人员利用专业知识解决工程问题能力的过程。在施工阶段，设计人员的工作主要是解决图纸与施工现场之间出现的矛盾，现场勘测疏漏、资金不足、材料短缺、交叉作业、施工队伍素质差异大等诸多原因，会导致设计方案难以按图施工，这时就需要设计人员根据具体情况，在尽可能尊重设计构想的前提下，对设计方案进行设计变更，以保证工程按期完成，同时为施工单位出具设计变更图纸，以方便施工单位与客户方的后续决算。这一阶段设计人员的具体工作如下。

① 技术交底与现场督导：设计师与施工项目经理等工程技术人员交代技术特点与要求。设计师在现场审查施工做法是否合乎设计要求，现场把握效果。

② 展品陈列指导：设计师在现场调试展品陈列位置、灯光效果等。

3. 竣工阶段

整个展示项目竣工后，设计人员应配合各单位现场验收，在条件允许的情况下绘制竣工图纸，为客户方提供一套与项目实际施工状况相吻合的图纸。

同时应完成文件资料的整理与归档工作，包括保存往来各项文件、传真、邮件、现场拍摄照片、设计与施工文件汇编、合同、审批文件等，它们既是公司留存的资料，也是维护公司权利的法律依据。通过分析各项资料，也可以研究出此次项目的经验与教训，以便提高设计能力和公司整体运作能力。

设计流程是有目的地实施商业展示设计的计划，并遵循分阶段按时间顺序模拟展开的科学设计方法。商业展示设计的整个过程主要包括前期调研策划、展示艺术设计、展示技术设计、工程施工实施等环节和内容。下面以花无缺主题花店设计这个案例来巩固关于商业展示设计流程的相关知识，对其建立更为全面而深刻的理解。

一、熟悉品牌，项目策划

在这样一个彰显个性的年代，有充满活力的新区、追求新锐潮流的人群、引领时代的科技创新环境。投资较大的奢华专卖店，其追求表面的材料堆砌模式是否适宜？有没有更恰当的设计方法？

图2-1　花无缺花店

人们在认同一个成功的花店设计时，已经放弃了传统的表面形式追求，而转向人性最本质的身心愉悦和富有文化张力的精神体验。这就是以设计带动特质元素打造的精品花店。在当前的市场中，这种设计理念以多样化的投资方式与高附加值的回报绩效，逐渐成为各种花店经营的主流模式。

因此在本案例中，设计师的定位为一间文化主题的精品花店，设计师将其品牌命名为花无缺（图2-1），并具体分析了当前花店设计在商业、文化、社会三方面的价值定位。

商业价值：立足花店本身，充分利用区位（进驻区位）优势，实现赢利最大化。

文化价值：通过花艺文化受众，创新价值载体、提升商业附加值。

社会价值：打造花店品牌，形成社会影响力、实现城市消费的一种时尚。

二、调研分析，确定主题

调研鲜花市场火爆的花店，对其进行分析，从而确定此鲜花店的主题与特色。比如：roseonly专爱花店，用"一生只送一人"引爆了流行，野兽派花店用"一花一故事"传递着大城小爱，而Mostlove最爱花店则宣扬"敢于活出自我，勇敢做自己"的年轻态度。

三、草图草模，概念表达

在谈到设计程序时，常常会归结为调研分析、设计创意、勾画草图、确定正稿、调整修改、制作完成几个步骤。我们可以将调研分析定位成为设计创意提供素材和依据，草图则是将设计创意表现为可视的符号图形，并为确立正稿奠定基础（图2-2、图2-3）。

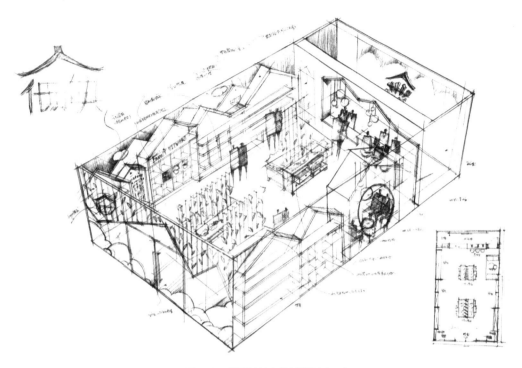

图 2-2　花无缺花店设计草图（一）

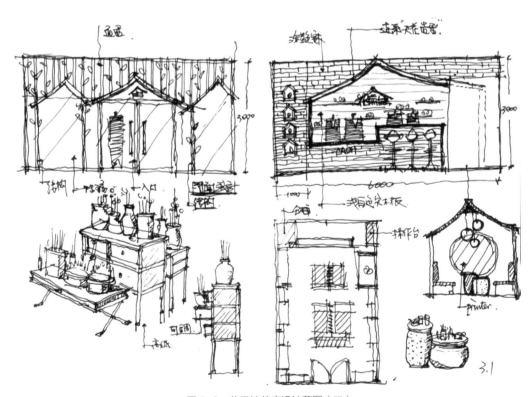

图 2-3　花无缺花店设计草图（二）

四、深化设计，图纸制作

通过前期的项目策划、主题定位和概念表达，设定了两种设计方向。其一为高端前卫风格，放大格调生活的细节，领略尊贵互动体验（图2-4）。

图 2-4　高端前卫风格的花无缺花店设计

其二为时尚活力风格，花店因时尚而灵动，时尚因有形象气味而别具一格，文化价值的渗透结合交互的桥接，活力无限放大（图2-5）。

图2-5 时尚活力风格的花无缺花店设计

最终客户方选定了第一种设计方案作为中标作品（图2-6）。

The perfect flowers！The perfect love！The perfect life！

花无缺精品花店

门面图

室内图

中岛图

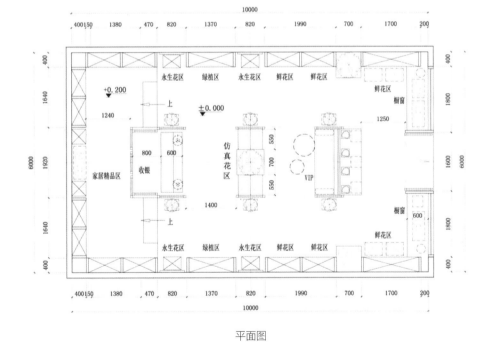

平面图

图2-6　花无缺花店最终中标作品（林文静）

部分学生的优秀设计作品展示（图2-7～图2-9）如下。

设计说明：
logo灵感来源于印章，再由方形的结构延伸出组合柜，组合柜也运用了logo的花元素。整体风格以黑白为主，传达了简约淡雅的思想。正如我们所希望表现的是知性生活的形象。

图2-7 学生作品（一）

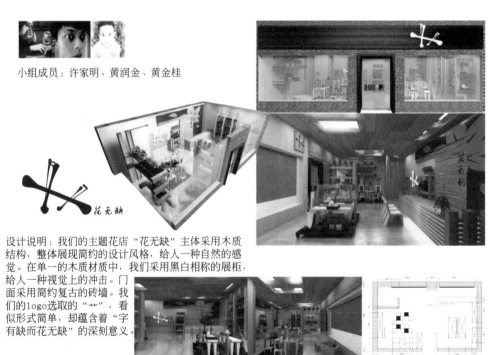

小组成员：许家明、黄润金、黄金桂

设计说明：我们的主题花店"花无缺"主体采用木质结构，整体展现简约的设计风格，给人一种自然的感觉。在单一的木质材质中，我们采用黑白相称的展柜，给人一种视觉上的冲击。门面采用简约复古的砖墙。我们的logo选取的"卄"，看似形式简单，却蕴含着"字有缺而花无缺"的深刻意义。

图2-8 学生作品（二）

陈少玉 林慧琦 叶运娣

我们的花无缺代表了对完美的追求，我们采用了浪漫的紫色系作为我们的主色调。风格简约清新。花店主题营造了一种优雅的都市白领的生活品位。我们的logo充分地体现了欧式优雅的设计理念。

图 2-9　学生作品（三）

五、施工配合，竣工验收

图 2-10 为花无缺花店实拍图，这是对施工配合高效、竣工验收合格成果的展现。

图 2-10

图 2-10　花无缺花店实拍图

模 块 三

设计实务

商业展示设计是一门综合性很强，具有独特行业特点的应用型专业，融合了空间环境、时间效应、产品设计、视觉传达设计等内容，是在人与物、人与人、人与社会之间营造出彼此沟通交流的空间与心理环境，因此商业展示设计构成也必然包含了多方面的内容，其中空间的构成是核心要素。

此外，商业空间展示设计系列要素中还有另外两大"主角"，即橱窗和展具。如何能让展示空间吸引眼球？怎样把商品通过橱窗淋漓尽致地表现出来？怎样设计并制作出精美的展具？怎样进行商业品牌设计？只要了解了不同性质的商业空间，掌握了商业空间的特性、风格表现，以及商业空间展示中橱窗、展具等一系列设计要素的组织和规划，设计起来就会容易许多。

① 了解商业展示空间的设计构成和设计风格。
② 掌握商业展示空间布局设计和商品陈列设计的方法。
③ 了解橱窗的常见类型。
④ 掌握橱窗的设计原则、设计手法和布置形式。
⑤ 了解展示道具的类型。
⑥ 掌握展示道具的布置形式和设计原则。
⑦ 掌握商业品牌字体、色彩和图形设计的方法。

结合对橱窗和展具优秀设计案例作品的分析，深度挖掘工匠精神，了解匠人对于自然界的认识维度和改造方法，从而更好地了解传统工艺对民族文化的影响，以及作品中所蕴含的工匠精神。帮助学生强化对传统"工匠精神"的价值理解和认同，引导其突出"技"与"艺"的统一。

通过对商业空间展示设计优秀案例的横向对比，弘扬传统文化对世界产生的影响，从而提高学生的文化自信，帮助其开拓设计思维，结合现代设计领域发展需要，更好地将传统设计和技艺精髓融入设计之中，让民族设计走向世界。

专业实训室，有网络环境。
本模块建议设置学习小组，每组 2~4 人，便于集中授课和分组任务，需准备手绘工具、电脑及相关绘图软件。

一、商业展示空间设计构成

1. 店面设计

店面的概念，广义上是指店铺的迎街面，通常也称为门面、店头，是店铺的脸面；狭义的店面是指店铺的正面入口处，顾客进入店铺的主要门道（图3-1）。店面往往是一个店铺最为引人注目的外在表现，如何吸引购买者及过路人的注意就成为店面展示设计的主要目标。

如今，一方面，商业店铺的店面已成为城市街道景观不可缺少的部分，体现了一个城市的特色与时代性，另一方面，也直接反映了店铺经营品牌的整体风格与特色。店面设计主要从门头和招牌两个方面体现出来。

（1）门头设计

门头是店铺店面设计的重点，是画龙点睛所在。作为店铺的标志，它要结合企业形象视觉系统凸显其品牌文化及内涵特色。通常店铺的店面都要在正面或者侧面设置新颖醒目、简洁明快的招牌，形成强烈的视觉吸引力和冲击力（图3-2）。

图3-1 商业展示空间店面设计

图3-2 商业展示空间门头设计

店铺门头通常使用木板、有机玻璃板、塑铝板、塑料板等饰面板材，材料的合理运用与搭配可以凸显某一种风格特色。

入口的设计在店铺的店面设计中也非常重要。入口是店铺内外空间沟通的联系处，主要是根据人流情况和店面大小来确定入口的尺度和开启位置（图3-3）。入口的空间感，可利用光与本身空间的凹凸效果营造出来。入口除了要宽敞醒目之外还应注重细节的装饰，可设置一些具有向导性和装饰性的小品，例如门柱、雨篷、植物等，吸引人的注意。入口照明设计可通过安装装饰聚光灯等，使店面具有一种吸引力与独特氛围。另外，可以考虑将入口正对的视觉深处的墙面照得明亮些，做一些重点装饰，作为第二橱窗，并对陈列物做一些特殊照明。

（2）招牌设计

招牌是挂在店铺店面、写有店名的牌子，俗称"幌子"，是一个店铺的标志。在招牌设计上，要考虑整个店面的经营项目、装饰特征、色彩应用等方面，要和店铺整体设计配套。

招牌设计时应注意力求新颖醒目，简洁明快，便于吸引顾客，应根据店铺本身的特点来选择招牌的形式、规格、色彩、材质及装置方法。另外，还应注意符合时代特征，考虑店铺所处的地理位置、面对的顾客群特点（图3-4）。

图3-3　商业展示店铺入口设计　　　　　　　图3-4　商业展示店铺招牌设计

2. 橱窗设计

橱窗可以说是一个店面的风向标，通过它可以向顾客传达其销售的品牌、风格及当期的流行趋势等，也是吸引顾客眼球的一个亮点（图3-5、图3-6）。它的设计体现在两个方面。

第一，橱窗的设计方式虽然千变万化，但是它都是为了更好地体现品牌特色，营造品牌文化，构建特有的文化氛围。橱窗的陈列方式可以大致分为时间、事件、情景、新产品、系列产品几个主题方向。这样可以根据产品的特点及其使用季节等因素来做出最吸引顾客的陈列，知顾客之所需。

图3-5　商业展示店铺橱窗设计（一）　　　　图3-6　商业展示店铺橱窗设计（二）

第二，橱窗的展示一般通过橱窗与室内空间的背板、商品的支撑、配饰之间的搭配等来营造氛围。设计时着重从这几个方面入手，造型独特的背板或者支架、小品可以达到一定的装饰效果，是一种吸引人的注意力的方式。

3. 空间区域

商业展示空间的种类多种多样，空间区域的格局五花八门，似乎难以找出规律性的空间分割来。实际上，它都是三类基本功能空间组合变化的结果，就像一个万花筒，虽然其变化无穷，但其根本也就是空间组合的结果。因此这三类基本功能空间与商业展示空间的空间格局关系密切。

（1）共享空间

共享空间包括商业展示环境中的通道、过廊、休息间等场所，是供人群集散、交通、联系以及休息的空间。它往往成为联系其他个体空间的枢纽，要求有足够的空间用于大众交流，而不影响其他人员，并且能够和其他空间联系紧密。通过这个空间，既可以把人流分散到各个单体空间，又便于从其他空间集中于此（图3-7）。

（2）信息空间

信息空间是指商品陈列的实际空间，是商业展示空间造型设计的主体部分。取得视觉效果、吸引顾客的注意力、有效地传达商品信息，是信息空间设计的关键。在信息空间的设计中，处理好商品与人、人与空间的关系十分重要（图3-8）。

图 3-7　店铺共享空间　　　　　　　　　　　图 3-8　店铺信息空间

（3）辅助空间

辅助空间是指用于商业展示活动的配套功能区域，主要有顾客服务空间（图3-9）、工作人员空间、接待空间、储藏室、停车场、货物通道、维修通道等。辅助空间的设置要根据商业展示情况、产品自身情况以及商业展示空间的面积和展示形式的要求而定。这些辅助空间往往被设计师忽视，但辅助空间的组织是否合理，直接影响整个商业展示活动的成功与否。

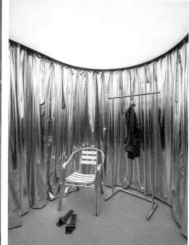

图 3-9　店铺辅助空间

4. 空间界面设计

店铺室内设计包括空间布局以及室内界面设计。其中空间布局需考虑空间功能划分、动线安排、空间限定与构建等。界面设计可以从顶面、地面、立面这三个方面入手，它们的设计直接关系到整个室内空间的环境氛围。

（1）顶面设计

顶面的处理在商业展示设计中是十分值得关注的，除了作为灯光、线路、空调等的载体之外，顶面更是可以通过造型和面积以及高度等的处理起到确定空间性格属性、突出主体、分清主次的作用。此外，顶面还有分割空间的功能，在一些四周没有明确边界，无法确定具体形状范围的空间里，顶面的形状和面积使得空间的这些关系得以明确。大型的商业展示空间会有比较复杂的设备管道，所以顶面的装饰要综合考虑各个方面的因素（图3-10）。

（2）地面设计

地面作为商业展示空间的底层界面，主要用来承载设备和人的活动，设备、展示道具、装置的遮挡，加上人的视点高度等因素，使地面的作用受到一定的限制。从这个意义上讲，地面对人的影响不如顶面，但是地面的材质处理、高度层次以及色彩上的选择搭配，也会在整个商业展示活动中起到十分关键的作用。在现代商业展示实践中，地面不仅具有简单的承载与装饰功能，通过有针对性的设计，地面也可以成为一种信息的载体，不但可以起到导向、指示、烘托气氛等作用，有时甚至直接成为展示主要信息载体的一个组成部分。地面设计主要有地面装饰材料、色彩选择，以及地面图形设计。店铺要根据不同的经营类型、店铺定位和环境格调选择合适的地面设计（图3-11）。

图3-10　店铺顶面设计　　　　　　　　图3-11　店铺地面设计

（3）立面设计

商业展示中所指的立面不但包括墙面，还包括展示中用到的隔断，是商业展示设计中最常使用的信息载体。由于立面与人的视线垂直，立面的处理以及立面上的信息可以给顾客最初和最直观的印象，因此立面的处理往往可以收到最为直接的效果。在设计时不要把立面简单地作为墙体来对待，而应当结合整个空间环境与平面视觉特性，将其作为一个有机的整体。立面设计主要有墙面装饰材料、色彩选择，以及壁面利用等设计内容。店铺的立面设计应与所陈列商品的色彩内容相协调，与店铺的环境、形象相适应（图3-12）。

图 3-12　店铺立面设计

5. 色彩设计和灯光照明

（1）色彩设计

色彩的有效使用对店铺空间氛围的营造具有重要意义。色彩与环境、商品搭配的协调程度会对顾客的购物心理产生重要影响。

色彩设计具有丰富的表情和魅力，同样的商品，由于色彩环境的不同，展示的效果就不同。不同的商品有着各自不同的个性，需要用不同的色彩来烘托，渲染商品所处的环境，使其个性更加鲜明。在店铺设计中，运用色彩的对比与协调烘托商品，能使商品在消费者那里获取良好的视觉效果与心理效果，达到促进销售的目的（图3-13、图3-14）。

图 3-13　店铺色彩设计（一）

图 3-14　店铺色彩设计（二）

（2）灯光照明

光线不仅起到照明作用，还可以创造空间效果，美化陈列环境，营造情感氛围。店内照明得当，不仅可以渲染店铺气氛，突出展示商品，增强陈列效果，还可以改善营业员的劳动环境，提高工作效率。

店铺的光源包括自然光和人工照明，而人工照明又分为基础照明、重点照明、装饰照明。进行灯光设计必须围绕着店铺品牌的理念和设计主题来营造出特定的气氛环境，吸引消费者，促进销售（图3-15、图3-16）。

图 3-15　店铺自然照明　　　　　　　　　　图 3-16　店铺灯光设计

二、商业展示空间布局设计

1. 商业展示空间布局的组合形式

空间布局的组合形式指若干空间以何种方式衔接起来。在设计实践中，商业展示空间的组合形式千变万化，按照各个空间的连接方式，可以概括为以下几种典型的组合形式。

（1）走道式

各商业展示空间之间没有直接的联通，而是通过一条共同的走道串联在一起，如大型商业展会的标准展位间多采用这种组合方式。这种方式使得各单体空间相对独立，不受干扰而又有一定联系（图3-17）。

图 3-17　走道式空间布局

（2）单元式

与走道式平面展开的方式不同，单元式是向上立体发展，各个单元空间围绕作为交通枢纽的楼梯或电梯组合，常见于一些商场的空间处理（图3-18）。

（3）串联式

各展示空间互相联系在一起，交通线路与参观线路重合，具有良好的连贯性，是展示中最为常见的一种空间组合形式（图3-19）。

图 3-19　串联式空间布局图　　　　　　　　3-18　单元式空间布局

（4）并联式

各个体展示空间相对独立，通过共享的大空间组成广厅式的空间组合（图3-20）。

图 3-20　并联式空间布局

（5）自由式

各空间通过墙体或者隔断自由分隔，被分隔的空间相互贯通，隔而不断，参观路线自由多变，较适合复杂的展示。

2. 商业展示空间规划的布置形式

根据特定的建筑空间环境、场地形状以及展品的性质和陈列方式，可以采用不同的平面空间布置方法。

（1）临墙布置法

临墙布置法也称线性布置法，是沿着空间围合界面不断延展布置的一种手法。通过横向路径的展开，能产生一种单纯、清晰的参观动线（图3-21）。

（2）中心布置法

中心布置法又称中心展台法，重点展品采用四面观看的中心陈列方法进行布置，其展出场地的平面往往设计成正方形、圆形、半圆形、三角形等形状。参观动线为多条时序线的交汇，构成形式可呈放射状、向心状，动线可曲可直（图3-22）。

（3）散点布置法

散点布置法是中心布置法的延展，由多个或多组四面观看的展品所集合构成，采用特定的排列形式，或重复，或渐变，或对比，或协调，布置在同一个展厅中而形成的平面类型。它们大小相间，穿插有致，给人以轻松活泼的氛围（图3-23）。

（4）网格布置法

网格布置法通常以标准摊位的形式出现，采用标准展具构成网状结构的展示空间，空间分割按照一定的数比关系有序列地排列组合而成，适合在宽敞的大空间里作标准单元规整布置，是经贸商业展示的常用手法（图3-24）。

（5）悬浮布置法

在垂直方向上采用悬挂结构，上层空间的底界面不是靠墙或柱子支撑，而是依靠吊杆或拉索悬吊，因此有一种新鲜有趣的悬浮感，由于底面没有支撑结构，因而可以保持视觉空间的通透完整，底层空间的利用也更加自由灵活（图3-25）。

图 3-21　临墙布置法

图 3-22　中心布置法

图 3-23　散点布置法

图 3-24　网格布置法

图 3-25　悬浮布置法

（6）混合布置法

混合布置法是上述几种方法的综合运用。一般情况下，单独运用一种方法进行布置的情况很少见，多数是以一种类型为主，兼有其他类型做补充。

3. 商业展示空间布局的动线设计

（1）动线的确定

动线的确定一般以三个方面作为依据。

第一，应根据展示内容来确定人流走向。

第二，必须充分考虑原有建筑空间的局限，使两者协调一致。

第三，空间的经营与场地切块、动线与平面计划的拟订等设计应同步展开。

（2）动线设计的类型

动线设计可以分为三种类型。

一是规定式路线，它主要适合比较严密的展示内容，有较强的先后顺序。

二是自主式路线，展示空间比较开阔，观众一目了然，可以根据自己的兴趣沿方便的路线走动。

三是渗透式路线，观众不但可以沿通道自由走动，而且还可以随时进入每个展区和摊位，大大加强了观众与展品和工作人员的联系，更好地体现了当代展示空间的开放性与透明度。

（3）动线的设计方法

商业展示空间人流的路线设定必须根据展示主题结构顺序和功能分区等来考虑。理想的人流动线设定应具有明确的顺序性、短而快捷的构成形式。这样既能使顾客按顺序观遍整个商业展示空间，又可让顾客的视点集中于商品资讯媒介中心（图3-26）。

通常人流动线的方向是按视觉习惯由左至右按顺时针方向延展的。如果时左时右，就容易导致顾客找不到首尾，甚至漏看。动线区域的划分应单纯明确，必要的转折和曲线的流向可使顾客注意力更集中，指示性更自然。

根据展示的规模与性质，参观动线的顺序也可能出现可有可无的情况。如一些较大规模的国际性博览会或综合性商场超市，大多无固定的动线，仅规定其出入口或设置导向板，即使人们未按规定进行活动，也不必横加干涉（图3-27）。

图3-26　商业展示空间动线　　　　　图3-27　动线较为复杂的大型商业展示空间

动线的基本形态主要是由点、线和网格的设计所决定的。由点构成的动线是围绕端点和节点灵活机动地来设计。由线构成的动线常采用直线、曲线或折线的流动方向来设计。由网格构成的动线应采用上述两种动线的综合性方法来设计。

三、商业展示空间风格设计

在当今的商品经济社会中，以往千篇一律的店铺装修风格似乎已经不能再满足人们的视觉观念和消费欲望，新一代的商业展示空间设计潮流正席卷而来，形形色色的店铺在都市中百花齐放，店铺设计风格的千姿百态，吸引着人们去光顾，激发顾客的购买欲。张扬、个性化、概念型的店面装饰风格脱颖而出，顺其自然地取代了以往那些沉闷、雷同的装修风格。

1. 建筑化风格

建筑化风格即将展示设计为以建筑形式为特征的空间构成造型。建筑化风格的展示特点是线条明快、色彩单纯、造型简洁、形态硬朗，能快速地给观众留下深刻印象。这种风格多见于房产商的展台，在一些工业产品展台中也有设计为生产车间形式的（图3-28）。

2. 道具虚无化风格

道具虚无化风格即将承载展品的柜、台、架等道具处理为视觉感虚化的效果；或者将展品处理为多媒体展示，而不直接陈列实物。这种充分利用新材料、新工艺、新媒体、新技术的创意设计，既能充分保留和展示展台的特色造型，又能使观众在参观展品时对展台的道具产生新奇和神秘感。道具的"虚化"视觉感和展品的"实化"视觉感所产生的强烈对比，使"虚"与"实"形成视觉交替，给人以时尚趋势的导向（图3-29）。

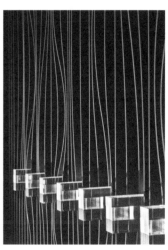

图 3-28　大多线条简洁的建筑化风格　　　　图 3-29　道具视觉虚化

3. 道具国际化风格

道具国际化风格即主要由国际通用的标准化装置的金属结构件框架，标准化、规范化的轻质铝合金展架，复合板组合展示版面等设计组成的展台。属典型的现代主义国际通用风格，常见于小型展示设计中，具有布展、拆装、储运简便等优点。常用展架为K3系列、三通插接式和球接展架系统等（图3-30）。通常是由展览公司采用租赁形式经营和合作。缺点是形式单一，造型平淡，展台没有独特的视觉个性。

4. 形象统一化风格

形象统一化风格即以参展商CIS战略形象为统一标志，运用于其参加的所有的国际性、区域性展览活动的展示设计中。一些大型品牌企业都有自身企业形象的标准化图形、字体、色彩等要素及其特殊结构的道具等，他们在参加国内外的系列展览活动时，都规定展示设计者在其企业文化形象框架内设计展台，以凸显该企业的独特个性形象。这种具有统一形象风格的展示设计，能强化观众对该企业文化形象的视觉记忆（图3-31）。

图 3-30　标准化展架　　　　　　　　　　图 3-31　品牌形象统一化

5. 回归自然化风格

回归自然化风格即将崇尚自然、回归大自然的理念融入展示设计创意之中，使展台空间洋溢着人与自然和谐温馨的浓郁环境氛围。常常以模拟现实场景为主，拉近与观众的亲近距离，也加深观众对展台的印象。在当前绿色环保理念的推动下，回归自然化的设计风格越来越受欢迎（图3-32）。

6. 高科技风格

高科技风格即充分利用当代先进的科学技术成果强化展示的表现力度。每一个时代都有高新技术诞生，在展示时代先进文明的前沿——展会、博览会上，都有利用先进科学技术的展示出现。这些从材料、工艺直至新媒体、电脑数字技术、激光造型技术、声像大屏幕技术运用到展示的每一个布局、每一个环节的设计创意策划，已经成为一些设计师的一种时尚和追求，并形成一种新型的风格（图3-33）。

图 3-32　回归自然化风格　　　　　　　　图 3-33　高科技风格

7. 生活化风格

生活化风格即采用设计现实小环境场景布置的方法，达到"身临其境"的效果。设计者在做展示设计时，经常将展台营造成一个现实的场景。如家用电器系列的室内场景、家具系列的卧室场景、餐饮用具系列的厨房场景、卫生洁具系列的洗手间场景等（图3-34）。

图3-34　生活化风格

四、商品陈列设计

商业展示空间的主要展示对象是商品，店铺商品的成功在于特色，所谓的特色不仅在于所经营的商品独特，更在于商品陈列的方法与众不同。如何突出商品，拉动销售是商业展示空间的最终目的。店铺的商品陈列有一些共同的要求，例如特色突出、色彩协调、材料选择适当等。但是，由于店铺类型不同，它们对商品陈列的要求也就不同，即使是同一类型的店铺，也会寻求自身与众不同的特色。

1. 商品的陈列法则

（1）按商品类型进行陈列

店铺的商品陈列常常依商品分类情况而定。在一般情况下，商品应放在柜台外展出以便顾客选购，但对于一些贵重的小型商品，如珠宝、首饰等，不应采取开架陈列方式。

① 随意性购买品。随意性购买品是指顾客无须事先计划而随意地进行购买的商品，大多是常用的小商品，价值不大。顾客购买的动机常是由于看到了吸引人的展示品。对于这些商品，小型店铺应陈列于入口处，大型店铺应陈列于主要通道。

② 便利品。便利品是指人们日常生活所需，无须严格挑选的商品。顾客的购买特征是

经常性购买，但一次购买量不大。便利品应放在主要通道两侧明显的位置。

③ 选购品。选购品是指对顾客来说并非经常购买的商品，其购买特征是反复比较和挑选。对于这类商品，仅有一层的店铺应放在后半部，多层的店铺应放置于最顶层。

④ 器具。器具是指家庭需要的日用品，人们购买的动机是实际需要，一般陈列于入口处和主通道。

⑤ 奢侈品。奢侈品又称贵重品，顾客一般会经过认真计划和进行品质、价格比较后才购买，因此最好陈列在距入口处较远的地方。

（2）按顾客便利进行陈列

店铺的陈列除了要考虑商品的类型因素之外，还应注意考虑顾客购买是否便利。

① 一次购齐。为了购买方便，应将相互关联的商品靠近陈列。例如，衬衫、西裤、领带、皮鞋和皮带应放在相邻的地方，使顾客能在最小的空间内买足他所需的商品。

② 最快购物。为了使顾客花较少的时间完成购买，商品陈列应配合购买效率。靠近销售区设立一个收银机，可节省顾客来回走动的时间；设流动性展览柜可以接待更多的顾客；使用多层专柜，可以利用上下空间，陈列更多的商品，减少店员去仓库取货的时间。

（3）按主题设定进行陈列

店铺的生命力在于创造人们想象的空间，因此依主题进行商品陈列是一项很重要的课题。所谓主题陈列，即是在店铺内创造出一个生活场景，使顾客产生一种宾至如归的感觉，可以自由地进行选择或欣赏。

① 主题的确定。在确定主题时，应进行多方面的研究和思考，一方面要反映店铺的宗旨和特征，另一方面要迎合时代潮流。例如一家时装店铺选择了休闲主题，那么商品选择就应追求自然、轻松和悠闲，店面展示突出休闲及运动性服装。假如店铺规模较大，可以布置若干系列场景，诸如舞厅场景、滑雪场景、沙龙场景等，并结合模特道具达到吸引顾客的效果。

② 主题的发掘。店铺的主题陈列是需要发掘的，与众不同才会在竞争中略胜一筹。例如一家普通的花店，出售各种鲜花，店面陈设与别的花店没什么两样，经营状况平平。这家店主非常喜欢蔷薇花，就将花店改为专卖蔷薇花的店铺，与其他花店形成了区别。店里有3~20种名为"蓝色之梦"的罕见蔷薇花。花店的特色吸引了不少顾客，但商圈内需要蔷薇花的毕竟有限，店主于是根据主题，收集了各种印有蔷薇花图案的商品，如桌布、椅垫、餐盘，以及小装饰品等，统统陈列于店面内销售，结果生意很好。这种方法不仅吸引了对蔷薇花有兴趣的顾客，也使对蔷薇花不了解的顾客发现了此花的魅力。

③ 主题的表现。店铺的主题表现除了货架、模特、样品、空间等硬件设施外，还应注意所呈现的气氛和格调。例如服装店应突出潇洒、漂亮，食品店应注意整洁、卫生，电器店应显示出高雅、华丽，钟表店应呈现生命和时间的关联。即使同为服装店，因等级不同，商品陈列也应有所差别。经营大众化服装，就应避免富贵、豪华的展示；经营豪华型服装，切忌选用普通职业模特。总之，表现形式应与主题一致，这样才会形成特色，受到顾客们的喜爱。

2. 商品的陈列方法

（1）中心陈列法

中心陈列法是以整个展示陈列空间的中心为重点的陈列方法。把一些重要的大型的商品放在展示中心醒目的位置上突出展示，其他次要的小件商品放在其周围辅助展示。这种陈列方法的特点是重点突出、简洁明快（图3-35）。

图 3-35　中心陈列法　　　　　　　　　　　　　　图 3-36　单元陈列法

图 3-37　特写陈列法　　　　　　　　　　　　　　图 3-38　开敞陈列法

（2）单元陈列法

单元陈列法是把相同主题的商品放在一起，按照它们的功能、特性进行组合，划分为几个独立的单元进行展示。这种陈列方法的特点是区分合理、功能性强（图3-36）。

（3）特写陈列法

特写陈列法是把重要的商品放大做成巨型模型进行展示，或是把商品照片放大做成特写海报进行展示。这种陈列方法的特点是非常醒目，容易引起顾客的注意（图3-37）。

（4）开敞陈列法

开敞陈列法是把商品放在顾客能够触摸得到的地方，让顾客能够参与其中，可以直接触摸到商品。这种陈列方法的特点是真实性强、时效性强，以大型超市、日用品商店为主（图3-38）。

（5）综合陈列法

综合陈列法是把一些在功能和使用方法上相同的商品放在一起进行展示。这种陈列方法的特点是商品齐全、选择空间大。

3. 商品的陈列技巧

（1）一款多色

① 在同款区运用一种款式多种颜色来呈现。

② 多色的搭配要能彼此融合，多采取系列色、和谐色。

（2）一色多款

在同一展区放置同样颜色的不同款式（大约四款），但同一颜色的商品应注意选用不同档次，比较适宜的陈列位置包括店铺入口、流水台、风车架、展台等。

（3）前后呼应

① 海报、广告等展示的商品，要在正前方的货区中找得到。

② 展示遵循就近原则，方便顾客找寻所需的商品。

（4）内外呼应

橱窗、模特等展示的商品，一定要摆放在第一排的货架。让顾客被橱窗、模特展示的商品吸引后，能够最快地在店内找到并购买，提高头档位的销售量。

（5）跟随时尚

① 根据当前流行款式，将相应的商品放置在显眼位置。

② 经常依据销售报表中的数据及商品结构变化，来调整店铺内商品的陈列位置。

（6）锦上添花

① 把销量高的商品放在最好的位置。

② 销量高的商品之间亦会提供最好的配合。

（7）琳琅满目

① 店铺各种款式的商品必须维持充足、饱满的气势，以量制造丰满感，吸引注意，增加顾客购买欲。

② 加大主推、强档及新上商品的陈列数量和面积，以增强推广货品的视觉效果，从而提高销售量。

③ 通过海报、展台等方式加大样品展示。

（8）千变万化

商品摆位经常依据销售走势及商品结构灵活移动，不断摆出新意。

① 灵活依据不同货品、不同时段顾客的需求变化来调整货品位置，以提高效率，创造更好的业绩。

② 提高店铺陈列的灵活多样性，经常有"新"的感觉。

③ 让当时最流行的颜色集中地陈列出来，吸引顾客，提高销量。

④ 主题明显，让顾客找到重点，易于做决定。

（9）干净整洁

① 随时留意商品是否清洁。

② 检查店铺空间环境的整洁度，维护店铺形象，给顾客一个舒适且一尘不染的环境，是留下良好印象的法宝。

（10）二八原则

所谓二八原则是指店内百分之二十的商品款式应占业绩的百分之八十左右，即以最少的款式，做最多的销售。因此店铺必须注意这百分之二十主打商品的陈列，以最少款式，配以重点推广方法，缔造最高业绩。

单元二
橱窗设计

电子课件

在现代商业展示环境中，橱窗的设计很重要。橱窗是一种商品展示，是一种市场行为。橱窗的功能是通过专业的设计后，把商品最富有吸引力的一面展现在人们的面前。别出心裁的构思、时尚元素的呈现，加上色彩的冲击力，橱窗往往在一瞥之下就能抓住人们的眼球。橱窗所展示的生活之美给顾客以强烈的诱惑，吸引消费者的注意力，并延长购物逗留的时间。

一、橱窗的类型与设计

现代商业的发展丰富着展示设计的方法，并推动着各种新型展示形式的发展与提高。橱窗种类、橱窗展示设计方法及构造形式的丰富，都给我们带来了全新的现代商业体验，为我们的生活增添了许多亮点，也美化着现代的购物空间。

通过市场调研，以价格水平、内部设计、产品范围和销售风格四个主要变量为依据，可以把购物空间概括为四个主要类别，并归纳为"四角理论"。这四种商店类别由低档到高档分别是：① 价格便宜、商品陈列简单、带社区服务特点的商店；② 价格较便宜、商品陈列多、提供自助式服务的商店；③ 有一定档次的、价格较贵、讲究商品陈列和质量、注重店铺的装饰性，购物是一种享受的商店；④商品档次高、价格贵的顶级商品专卖店，具有独特讲究风格的环境和高水平的服务。

第一种就是我们身边经常能够看到的小门面的商店，比如常见的便利超市等。这样的商店通常只有可以供顾客进出的门和一个提供采光的小窗，通常不设橱窗。

第二种为大型超市和一些大众化的商场。这种类型的商场顾客群十分有针对性，功能性也很强，商品陈列要简单明了以满足基本的购物行为，所以基本上不设立橱窗，商品只要具有其原始的本能的性质就可以了。

第三种为我们常见的商场、专卖店和一些有品质的私人小店。这类商店的橱窗设计又各具特色。

① 商场的橱窗展示设计。商场里的消费是希望顾客在有限的消费水平的基础上达到更大的心理满足，这也是很多普通品牌使陈列和橱窗设计都向知名的大品牌靠拢的原因。

橱窗和店铺的设计成为一种包装的手段，将商品包装成大众品牌中的高级品，从而实现了橱窗设计的价值（图3-39）。

② 小店的橱窗展示设计。小店的橱窗设计是最能体现想象力的一种类型，它不像大型的商场要照顾到整个商场的风格，也不像各种名

图3-39 商场专卖店铺橱窗设计

模块三 设计实务 **61**

店，必须保持一贯的品牌印象，而可以做反差很大的设计尝试，可以风格多变。小店所面对的顾客群大部分是随机消费者，一个路过的人，橱窗只能在其视线范围内停留几秒钟的时间，所以橱窗设计要具有强烈的诱导性和吸引力。另外，小店的橱窗面积相对较小，所以橱窗设计就要在体现独特性的同时展现清晰的卖点（图3-40）。

图3-40　风格小店橱窗设计

第四种也就是高级的商场，商场里多数售卖的是国际知名和连锁的品牌商品，这类商品都有自己固有的品牌特点，有品牌独有的文化和个性。橱窗的设计是由品牌指定的设计师进行设计，每到换季和新品上市的时候都有设计师根据当时的产品设计理念结合品牌理念来设计，并推广到世界各地的各个专卖店。

二、橱窗概念设计

1. 不同构造形式的橱窗设计

（1）封闭式

封闭式橱窗背后装有壁板，与卖场完全隔开，形成单独空间。临街一面安装玻璃，隔断装置的一侧安装可以开启的小门，供陈列人员出入。通常在橱窗顶部留有充足的散热孔或安装其他通风设备，来调节内部温度，保护陈列商品。封闭式橱窗有利于布景和陈列商品，也有利于照明，烘托气氛，达到较强的视觉效果（图3-41）。

（2）开敞式

开敞式橱窗一般没有后背，橱窗直接与卖场的空间相通，人们可以透过玻璃将店内空间情况尽收眼底，设计时要注意橱窗陈列布置的重点突出和色彩的应用，主题要更明确，是橱窗设计常有的形式（图3-42）。

开敞式橱窗在设计实施上具有极端的两面性：一方面难度大，要求店面与橱窗无论在色彩、结构还是货品展示上都能形成统一完美的画面，而橱窗部分又应突出，有空间的立体层次感；另一方面又简单易行，基于店铺的空间进行设计，无须用其他装饰物品做过多的修饰，使橱窗陈列与店面整体空间相结合。

（3）半封闭式

后背与店堂采用半通透形式的称为"半封闭式橱窗"。这种橱窗空间分割的形式很多，能够很好地兼顾橱窗和店铺的同时体现，使用范围较广，实施方法灵活多样（图3-43、图3-44）。

图 3-41　封闭式橱窗

图 3-42　开敞式橱窗

图 3-43　半封闭式橱窗

图 3-44　半开敞式橱窗

半封闭式橱窗有两种形式：一种形式在结构上只有固定结构的窗底，后背与店内相通，在橱窗1/2的高度上安置横向金属杆悬挂帷幔，在前面陈列商品，消费者在店外既能看到橱窗内的商品，又能看到店内的景象。另一种形式没有固定底座，只在窗内设置展示道具，将商品做双面陈列，以栏杆或绳索做隔断，消费者既可以从街上观看橱窗陈列和店内情形，又可以在店内观看橱窗内的商品，橱窗展示与店内、店外环境相容，虚实并举，相得益彰，也称为半开敞式橱窗。

2. 不同位置的橱窗设计

（1）面向店外的橱窗

此类橱窗多与商场的建筑结构相结合，橱窗成为现代商场外观设计的一部分，与整体外观设计相互衬托，起到丰富造型空间的作用。店外橱窗一般展开面较大，视线开阔，在远距离即可看到橱窗的展示效果，户外橱窗利用商业建筑面积临街一面的楼层而设立，橱窗的展示可对路过的人们产生很好的展示效果和吸引力，并能引导人们走进商场购物（图3-45）。

（2）通道走廊橱窗

在现代商业环境中，许多通道、入口等处可设立橱窗。走廊橱窗可分为整体走廊立面橱窗和局部走廊立面橱窗，橱窗的形式和外观造型可多种多样，橱窗内所展示的内容可与通道销售商品相近。此类橱窗一般设计体量适中，做工精致，适合近距离观看，且深度较浅，立体陈列可表达出橱窗空间的纵深感，同时照明较强。现代的国内外大型商场采用此种橱窗形式较多。因此类橱窗与人的视线距离较近，所以在橱窗陈列设计时可放置部分商品实物，变换摆放角度，商品可高低错落陈列，也可设计陈列道具，丰富陈列形式。陈列布置时要注意橱窗的整体感，局部与整体相结合，并营造陈列的立体空间效果，尽量拉开陈列的前后层次，充分发挥橱窗陈列的展示特点（图3-46）。

图3-45　店外临街橱窗　　　　　　　　　　　图3-46　走廊式橱窗

（3）店门两侧橱窗

店门两侧橱窗包括门面橱窗、商店入口橱窗、直角橱窗和弧形橱窗等。

① 门面橱窗。门面橱窗是利用商场或店面玻璃门两侧或一侧而设计的，是一个商场或店面的必经之地，展示效果极佳。门面橱窗应用面较广，如服装店、精品店、钟表店、珠宝店、电器商店等多种店面形式。此类橱窗外观可设计成多种形式，如立面玻璃通透型、两侧对称合围型、左右大小变化型、角形或弧形，设计出时尚现代风格的造型。此类橱窗要与门面入口造型协调，选用材料和款式要一致。

② 商店入口橱窗。商店入口橱窗是店面两侧利用商业建筑结构特点设置的橱窗，这种橱窗与人视线较近，展示效果好，使人印象深刻是商家展示宣传的最佳选择。

③ 直角橱窗和弧形橱窗。直角橱窗有平行式、拐角式，与弧形橱窗一样是随商场建筑结构而设立的。此种橱窗可多角度展示商品，丰富陈列方法，可在不同角度设计宣传主题，也可连贯一致地陈列。此类橱窗多设立在商业街的拐角处，所以展示效果和展开陈列空间是其他橱窗形式不能代替的。

3. 橱窗设计的原则

① 橱窗设计要根据商业整体环境的外观效果进行设计，要注意橱窗所占面积与整体商业空间的比例关系、地形和地理位置，要在人流较多、面向主街面的位置设立橱窗，确定在商业建筑正面和侧面橱窗的位置和数量。

② 根据商品的经营类别、经营理念，建造风格规格和形式不同的橱窗以达到橱窗的展示功能与店内所经营商品类别、档次、理念相呼应、相一致的目的。

③ 橱窗设计的形式要与商业建筑风格、时代感、材质相互协调，以体现商业环境设计的整体美感。

④ 橱窗的结构设计要便于展示商品和展示效果的展现。橱窗内部结构和设施都能满足展示陈列的设计和展示陈列布置的施工便捷需求，给橱窗的使用提供保障，为橱窗布

置打好基础。

⑤ 橱窗的结构要考虑人体工程学的要求，合理设计橱窗底台的高度、照明位置、角度，亮度设计和灯具选择、橱窗的入口要合理，便于展品和出入。

⑥ 开放式、落地式、封闭式橱窗与拐角式、弧形、门两侧等多种橱窗款式相结合，以达到橱窗式样的丰富、不呆板，使橱窗外观造型更富有艺术效果。

4. 橱窗设计的特征

现代商业环境中的橱窗设计要体现展示内容真实、时令、艺术、色彩、文化与流行时尚的特征，要体现展示效果的材质与设计效果相一致。

（1）橱窗陈列的真实特征

橱窗陈列设计一定要本着实事求是的原则，真实并且恰如其分地展示商品特点、规格、质量、性能和使用保养知识。同时橱窗陈列的商品要与出售的商品一致，做到有货有样，货真价实，否则就会失去顾客的信任，影响商场的信誉。当然，橱窗陈列追求真实的同时，也可根据设计效果制作大型商品的展示道具、展示模型来展示、强调与突出商品的形象特征。

（2）橱窗陈列的时令特征

橱窗陈列要随季节变化来设计不同的商品陈列方式，以体现橱窗所展示内容随季节更新销售商品的特点，此种方法多用在季节性较强的商品中，如服装、针棉织品、家电等商品。同时时令特征也是时代特征的表现，橱窗陈列要体现当代的陈列特点，与时尚同步，在选择展示方式、材料、理念上考虑时代特征，要符合时代的审美需求。

（3）橱窗陈列的艺术特征

橱窗陈列要有美感，这种美感是要通过各种装饰艺术手段和现代展示技术与设计理念相结合来展现给人们的，如应用背景、喷绘、装饰道具、色彩组合、文字造型、灯光、展示模型等造型艺术技巧，艺术地、完美地体现橱窗的展示功能，使橱窗陈列布置既富有艺术性，又增强其陈列展示设计的渲染效果。

（4）橱窗陈列的文化特征

现代商业环境中的橱窗陈列设计的表现风格应具有民族传统文化及地域文化特色，应在借鉴国外橱窗陈列艺术的基础上，做好我们的设计，在与世界橱窗展示同步的同时要吸收民族的文化特征与艺术精华，橱窗陈列中尽可能展现出各种展示方法的文化特征，展现艺术风格和地域及文化特色。

5. 橱窗设计的表现手法

（1）直接展示

道具、背景减少到最低程度，让商品自己说话。运用陈列技巧，通过对商品的折、拉、叠、挂、堆，充分展现商品自身的形态、质地、色彩、样式等（图3-47）。

（2）寓意与联想

寓意与联想可以运用部分象形形式，以某一环境、某一情节、某一物件、某一图形、某一人物的形态与情态，唤起消费者的种种联想，产生心灵上的某种沟通与共鸣，以表现商品的种种特性。寓意与联想也可以用抽象几何道具通过平面的、立体的、色彩的表现来实现。生活中两种完全不同的物质，完全不同的形态和情形，由于内在美的相同，也能引起人们相同的心理共鸣。橱窗内的抽象形态同样能加强人们对商品个性内涵的感受，不仅能创造出一种崭新的视觉空间，而且具有强烈的时代气息（图3-48）。

图 3-47　直接展示

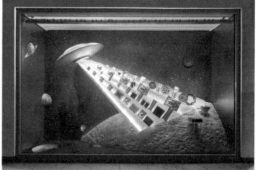

图 3-48　寓意与联想

（3）夸张与幽默

合理的夸张将商品的特点和个性中美的因素明显夸大，强调事物的实质，给人以新颖奇特的心理感受。贴切的幽默，通过风趣的情节，把某种需要肯定的事物，无限延伸到漫画式的程度，充满情趣，引人发笑，耐人寻味。幽默可以达到既出乎意料又在情理之中的艺术效果（图 3-49、图 3-50）。

图 3-49　夸张与幽默（一）

图 3-50　夸张与幽默（二）

（4）广告语和标志的运用

在橱窗设计中，恰当地运用广告语言或品牌标志，更能加强主题的表现，能起到引起延续和加强视觉形象的作用。由于橱窗广告所处的宣传环境不同，不能像报纸、杂志广告那样有较多篇幅的文字，一般只能出现简短的标题式的广告用语。在撰写广告文字时，首先要考虑到与整个设计及表现手法保持一致性，同时又要生动，富有新意，唤起人们的兴趣（图 3-51）。

6. 橱窗设计的布置方式

（1）综合式橱窗布置

综合式橱窗是将许多不相关的商品综合陈列在一个橱窗内，以组成一个完整的橱窗广告。这种橱窗布置由于商品之间差异较大，设计时一定要谨慎，否则会给人一种混乱的感

图 3-51　广告语和标志的运用

觉。其中又可以分为横向橱窗布置、纵向橱窗布置、单元橱窗布置（图3-52）。

（2）系列式橱窗布置

大中型店铺橱窗面积较大，可以按照商品的类别、性能、材料、用途等因素，分别陈列在一组橱窗内，系列化也是一种常见的橱窗广告形式，可以通过表现手法和道具形态色彩的某种一致性来达到系列效果，起引起延续和加强视觉形象的作用（图3-53）。

（3）场景式橱窗布置

通常是将商品置于某种生活场景或情节画面中，营造出某种特定的场景，商品成为其中的角色（图3-54）。

（4）专题式橱窗布置

专题式橱窗布置是以一个广告专题为中心，围绕某一件特定的事情，组织不同类型的商品进行陈列，向媒体受众传输一个诉求主题。又可以分为节日陈列——以庆祝某一个节日为主题组成节日橱窗专题；事件陈列——以社会上某项活动为主题，将关联商品组合起来的橱窗；场景陈

图 3-52　综合式橱窗布置

图 3-53　系列式橱窗布置

列——根据商品用途，把有关联性的多种商品在橱窗中设置成特定场景，以诱发顾客的购买行为（图3-55）。

图 3-54　场景式橱窗布置

图 3-55　专题式橱窗布置

（5）特写式橱窗布置

　　特写式橱窗布置指用不同的艺术形式和处理方法，在一个橱窗内集中介绍某一产品，特写是抓住商品某一富有特征的部分，作集中、精细、突出的描绘和刻画，使其具有高度的真实性和强烈的艺术感染力（图3-56、图3-57）。

图 3-56　特写式橱窗布置（一）

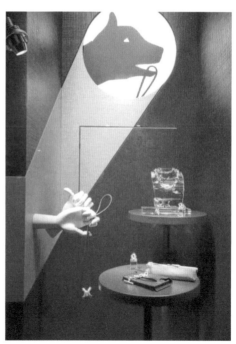

图 3-57　特写式橱窗布置（二）

（6）季节性橱窗布置

根据季节变化把应季商品集中进行陈列，如冬末春初的羊毛衫、风衣展示，春末夏初的夏装、凉鞋、草帽展示。这种手法满足了顾客应季购买的心理特点，用于扩大销售。但季节性陈列必须在季节到来之前一个月预先陈列出来，向顾客介绍，才能起到应季宣传的作用（图3-58、图3-59）。

三、橱窗设计应用案例

1. 服装类橱窗展示设计案例分析

服装橱窗陈列是整个卖场陈列的融缩体，是店铺形象的主窗口，所以需要考虑色系、风格以及主题的统一。橱窗陈列一般以当季畅销款、主推款为主，颜色应选择鲜艳亮丽的。橱窗陈列亦可根据季节、主题等元素添加一系列的道具，但必须与陈列的货品相呼应。如春夏季节应采用颜色中性或冷色系的道具，给人清新明快的感觉，如绿色、蓝色，秋冬则采用一些暖色系道具，如红色、橙色等，给人温暖、温馨的感觉。同时也可布置一系列与服饰文化相关的道具（图3-60）。

2. 鞋包类橱窗展示设计案例分析

鞋包类橱窗的主体多以皮革材质为主，部分搭配有五金件，体积比服装橱窗中的主体要小一些。因此，展台、展架等附属器具相对就比较多一些，如何更好地突出主体就成为首要解决的问题（图3-61、图3-62）。

鞋包类橱窗展示设计需要注意以下几点。

① 善用技术要素。鞋包类橱窗展示中的技术要素主要有尺度、视觉、照明。这些要素直接影响了展示中的陈列密度、陈列高度、展板与道具尺度以及照明、色彩、视高、错视等问题的处理，也是展示设计中"以人为本"原则的具体体现。

② 选择超前样品，引领市场。鞋包类橱窗里展示的样品不是选择货场内大量销售的产品，而是展示超前的、新研制的、新开发的新材料、新工艺、新技术、新款式、新功能以及即将投产的新样品，以彰显企业的品牌形象，吸引消费者视线，试探消费者的反应。

③ 重视搭配样品，烘托主体。只有整体配

图 3-58　冬季橱窗设计

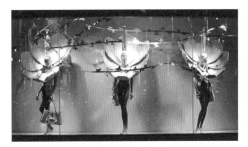

图 3-59　春季橱窗设计

图 3-60　服装店橱窗

图 3-61　箱包类橱窗

图 3-62　鞋类橱窗

套完美，才能增加鞋包类橱窗主体的艺术效果，因此，橱窗展示中要格外重视鞋包搭配品的选择和陈设，把鞋包样品作为主体形象展示出来，通过配套陈列更加突出鞋包样品的品位，进一步提升鞋包的品质、格调和市场价值。

3. 日用品类橱窗展示设计案例分析

日用品又名生活用品，是普通人日常使用的物品、生活必需品，即是家庭用品，家居、家庭用具及家庭电器等。按照用途划分有洗漱用品、家居用品、炊事用品、装饰用品、化妆用品、床上用品等（图3-63、图3-64）。

图 3-63　日用品店铺橱窗（一）

图 3-64　日用品店铺橱窗（二）

日用品橱窗展示设计应着重表达其功能。日用品橱窗中的生活必需品因其功能特点，可以借助温馨、亲切的氛围体现出生活化的特质；家居、家庭用具及家庭电器等可借助灯光、展台、构成感强的背板等体现出时尚、高科技的特质；而装饰用品和化妆用品等则需要借助柔和、雅致的色彩来体现出高雅清新的特质。

日用品橱窗中的展示主体可借助不同的设计手法来增强其艺术感染力。在日用品橱窗中要运用好直接展示、情节设置、联想、幽默等各种表现手法，可以避免设计的简单平庸，以充满智慧与情趣的方式传递品牌信息，从而增强品牌橱窗自身独特的艺术感染力。

4. 餐饮类橱窗展示设计案例分析

餐饮类橱窗与其他各类商业橱窗相比更
需要体现出不同的功能，主要表现为：首先，
需传递商品信息，让人们知道餐饮店的经营特
色及新款食品的种类等；其次，要激发人们的
欲望，通过形象鲜明、艺术性强、特色鲜明的
设计，突出体现餐饮产品的特质和服务优势，
以吸引消费者的眼球，激发人们的餐饮欲望；
最后，需要能够宣传企业形象，餐饮类橱窗设
计往往使用企业标志或与企业相关的色彩和图
案，在餐厅设计中，还经常使用与品牌相关的

图 3-65　面包店铺橱窗

符号，如一些标语、口号等，就能有力地突出企业和品牌的形象（图3-65）。

餐饮类橱窗展示设计需要注意以下几点。

首先，对展示主体有特殊的限制。餐厅食物本身为短期商品，在出炉后不久就会变
质，为了长久展示，通常的做法是以食物的仿真模型代替实物进行陈列，此类展示常见于
蛋糕房、韩式或日式料理店等。

其次，在橱窗中展示与食物有关的物品，搭配合适的场景和光照营造一种特定气氛，
以此来引起观者有关此类食物的记忆和共鸣，从而吸引其进入店面进行消费。

5. 珠宝钟表首饰类橱窗展示设计案例分析

橱窗是珠宝钟表专卖店或商场专柜进行展示与销售的重要组成部分，有视觉冲击力的
珠宝钟表首饰类橱窗不仅能抓住顾客的视线，也能牢牢抓住顾客的心，任何商家都不会忽
视橱窗的陈列设计和展示布置。对于珠宝钟表首饰类橱窗陈列设计，要求陈列设计师有以
下素质：主题明确，造型别致，独具特色，富有文化气息和艺术品位（图3-66、图3-67）。

图 3-66　珠宝店铺橱窗

图 3-67　钟表店铺橱窗

珠宝钟表首饰类橱窗展示设计需要注意以下几点。

首先，珠宝钟表首饰商品主要针对高消费人群，橱窗的设计风格应符合特定消费者的
消费心理。

其次，珠宝钟表首饰类橱窗展示设计应与所展示的珠宝钟表首饰的造型风格、材质特
点和色彩相协调。

再次，珠宝钟表首饰类橱窗展示设计应与展示主题相符。

最后，珠宝钟表首饰类橱窗展示设计应与室内光照条件以及橱窗外环境相符。

单元三
展具设计

展具即展示道具，是指为塑造展示空间形态，烘托展示环境气氛，用以承托、悬挂、支撑、突出、保护展品及其他配套用品的用具。展示道具是空间中所展示物品的必要载体，是完成展示活动的重要物质基础。

一、展具的类型

展示道具的形式多种多样，凡是能对展品起到承托、围护、吊挂、张贴、摆靠、隔断以及指示方向、说明展品等作用的都是陈列道具。

1. 展架类

展架是作为吊挂、承托展板，或拼连组成展台、展柜及其他形式的支撑骨架器械，也可以用它作为直接构成隔断、顶棚及其他复杂的立体造型的器械，是现代商业展示活动中用途广泛的道具之一（图3-68~图3-70）。

图 3-68　金属展架

图 3-69　木质展架

图 3-70　挂架

展架常用的材料有木材、金属、塑料、石材、玻璃、各种复合装饰材料及纺织材料等。从结构和组合的方式上看，展架体系可分为四大类。
① 由管（杆）件与联结件配合组成的多种拆装式。
② 由网架与联结件组成的拆装式。
③ 用联结件夹连展板（或玻璃等板状物）的夹连系统。
④ 可以卷曲或伸缩的整体折叠系统。

2. 展板类

展板在展示空间中是传达信息，的重要媒介，其功能不仅在于传达信息，也可用来对空间进行分割，可构成贴挂展品的展墙，还可用来张贴平面展品（照片、图表、图纸、文字和绘画作品）等，根据需要也可以钉挂立体展品（实物、模型和主体装饰物）；也可以同标准化的管架构成隔断、屏风以及空间围合的界面（图3-71）。

按照模数尺寸的要求，可分为小型展板、大型展板、与拆装式展架配套的展板。一般展板的尺寸有30cm×120cm、30cm×130cm、120cm×130cm、120cm×240cm、200cm×300cm等规格。

3. 展柜类

展柜是保护和突出商品的道具，展柜类通常有背柜（靠墙陈设）、中岛柜（四面玻璃的中心柜）和桌柜（书桌式的平柜，上部附有水平或有坡度的玻璃罩）等（图3-72）。

现在常用的装配式背立柜和中岛柜，垂直与水平构件上有槽沟，可插玻璃；有的也用弹簧钢卡来夹装玻璃。如果是放置在中央的岛柜，则四周都需要装玻璃；如果放置在墙边，一边可只装背板，不需要安装玻璃。

桌柜通常有平面柜和斜面柜两种。斜面又有单斜面和双斜面之分，单斜面通常靠墙放置，双斜面则放置在空间中央。桌柜的通常尺寸如下：平面柜的总高为1050~1200mm，斜面柜的总高为1400mm左右，柜长为1200~1400mm，进深700~900mm，柜内净高200~400mm。

图 3-71　展板

图 3-72　展柜

4. 展台类

展台类道具是承托商品或展品实物、模型和其他装饰物的用具，是突出商品或展品的重要设施之一。

展台的种类非常多，设计师应根据展示主题的不同需要做出不同的选择。

① 中心展台，是指在展示场地中心独立存在的展台，其规格一般大于展厅内的其他展台，易于用来陈列重要的或有代表性的展品，它具有浓缩展示内容、体现陈列主题、表达艺术风格的作用（图3-73）。

② 组合展台，是指与其他展示设备组合在一起应用的展台。如与展柜组合，与展示版面组合，与展示屏风组合，高展台与低展台组合，它是展示陈列中常用的展台组合形式（图3-74）。

图 3-73　中心展台

图 3-74　组合展台

③ 标准展台，是指按照某种统一的规格标准，用标准化的构件搭制的展台。这类展台便于计算出陈列面积，具有整体统一、秩序感强的视觉特点。标准展台并无通用的规格尺寸和造型样式，一般是由设计师依据不同的场地条件和构件组合规律来确定。

④ 异形展台，其规格和造型区别于标准展台。可以有丰富自由的变化形式，通常是为了适应某件特殊展品的陈列或追求某种特殊的艺术风格，以及在受场地条件限制的情况下而专门设计制作的。异形展台具有鲜明的性格和形式感，能为烘托展示主题起到一定的作用（图3-75）。

大型的实物展台，除了用组合式的

图 3-75　异形展台

展架构成之外，还可以用标准化的小展台组合而成，小型展台多为简洁的几何形体，如方柱体，平面尺寸为200mm×200mm、400mm×400mm、600mm×600mm、300mm×300mm、1200mm×1200mm，或为长方体、圆柱体等形体，特点是灵活性、机动性强。

一般来说，较大的商品或展品应该用低的展台，小型的商品或展品则应用较高些的展台。现代展示设计的重要特征之一是在静态的展示过程中追求一种动态的表现，动与静的结合使商品展示的过程变得生动活泼。

5. 灯箱

商业空间中灯箱是宣传商品不可或缺的道具之一，灯箱广告以其独特的作用可以吸引人的眼球，来引导顾客进行消费。灯箱主要有方形、三角形、椭圆形等美观多变的外形，可根据不同的需求进行选择；既可固定又可旋转的特点使它移动起来非常方便，在室内、室外或商场、展销会等促销场所都非常适用（图3-76）。

图 3-76　灯箱

商业空间内的灯箱可以分为以下几种。

① 吸塑灯箱，是采用吸塑方法成型的灯箱的总称，其外形有方形、圆形和异形（其他几何形状）等。吸塑灯箱的骨架由铝型材弯曲而成，铝型材的宽度有60mm、30mm、115mm等，可根据灯箱大小或客户要求选用合适的宽度。外形尺寸较大的灯箱可用钢材加固，灯箱脚视安装方式而定，有T形，有装在圆柱上，有抱箍等。灯箱片可采用亚克力板经加热后由吸塑机吸出一个凸起的面板作为灯箱表面，也可由压塑机压制而成。

② 组合灯箱，外观是双面弧形，灯箱片使用不碎板，骨架采用特制的五金件及铝合金型材，配以上盖、底座，用户使用时只需简单组装即可。组合灯箱画面可贴膜、丝印，安装形式多种多样，可立地、侧挂，也可吊挂。目前市场需求量较大，广泛运用于如临街商店、档铺，作为招牌或营业指示，营业时亮灯招徕顾客，停止营业后放进店内，十分方便。

③ 旋转灯箱，在组合灯箱的基础上配置电机，使它能匀速不停地转动，让静止的画面生动起来。

④ 超薄灯箱是以光学级亚克力超薄导光板为基材，运用LCD显示屏及笔记本电脑的背光模组技术，透过导光点的高光线传导率，经电脑对导光点计算，使导光板光线折射成面光源均光状态制造成型。导光板超薄灯箱是采用导光板所形成的背光模组，组合多种多样的外框材料而制成的一种多功能的新的广告载体。

6. 屏障类

展示屏障类的形式主要有广告牌、屏风、艺术造型等，用于分割展示空间、悬挂实物展品、张贴企业形象或文字图形、分散人流等，是展示设计中不可缺少的展示设备。

7. 护栏与标牌底座

护栏是展示中用来围合一定空间，具有指示作用，引导观众走向，并有效地保护展品的展示设施。围护栏杆柱一般高70~90cm。护栏最好使用可拆装式的，横向构杆可为管（杆），也可以是织带或链条、绳索。

标牌底座既可以插搁标牌，又可阻隔空间，其原理和护栏立柱的形式类似，构造形式多样，多利用护栏配件装配。

8. 发光装饰品

展示活动中各种发光材料的运用极大地丰富了展示的效果，提高了展示视觉吸引力。

9. 零配件

展具零配件在组装展居室方面起着非常重要的作用。凡是有助于搭建、构成完整的展具，方便、安全的零配件，例如矮柜玻璃的"包角"、拆装式展架中的"托角"与夹片、安装横格板用的插销、拆装式护栏柱的罩盖等，都是不可缺少的用品。

二、展具的布置形式

商业展示陈列道具除了用来展示、陈列商品之外，它还有一个非常重要的作用，便是对商业空间的形象进行再塑造，商业空间可以通过道具的造型、围合与布置，从而产生一定的形式和功能，并富有某种特定的意义。展示陈列道具在商业空间中的布置形式主要有以下几种。

1. 岛式或环岛式布置

岛式布置的特点是在商业空间的中心部位或环绕柱子的周围布置展示陈列道具，通常是由环形展台加上展柜组成，它的周围都是通透的。这种布置方式常见于商场一层大厅的中心开敞位置，由道具组成岛屿状，主要是用来展示陈列珠宝、化妆品、日用品和小电器等商品，消费者可以从前、后、左、右不同的角度观看（图3-77）。

2. 线性布置

展示道具的线性布置方式主要有以下几种形式。

① 道具靠墙体布置，或者平行于墙体进行布置。这种方式在商业空间中最为常见，特别是在超级市场中将展示陈列道具进行平行的线性布置，有利于组织营业空间的交通路

线，使消费者的行动路线十分便捷，不会形成死角。

② 根据商业空间的需要还可以将道具布置成"L"形。这种布置形式一般在垂直的墙角处，或者用来引导、改变消费者的行进路线。

③ 可以将道具围合成"U"形。这种形式的布置使得局部经营空间显得较为封闭，可以形成一个较为独立的卖场空间。

④ 可以将道具围合成一个店中店的形式，这是独立性最强的经营空间。这种店中店通常只有一个或两个出入口，其余各面都用展示陈列道具加以围合，通常购物中心的精品屋就是这种布局。

通过展示陈列道具的线性布置，可以在商业空间中形成或开敞或封闭或半封闭的经营空间。对于开敞区的道具设计就更偏重风格的统一，而对于封闭、半封闭的区域，道具设计就应该偏重个性的塑造，利用不同风格、不同造型、不同材质的道具来丰富、活跃整个商业空间的形象（图3-78）。

三、展具设计的原则

1. 以商品为中心的原则

以商品为中心的原则是展示陈列道具设计的首要原则。首先，认真研究所要展示、陈列的商品的形态、体积、色彩、性能、用途、尺寸、质地、价值等属性以及其物理性、化

图 3-77　岛式陈列

图 3-78　线性陈列

学性的特点，在展示陈列中要合理保护展品，充分展现其特点，并创造出新奇、生动的展示形式和鲜明的视觉效果。其次，充分利用一切辅助手段，如灯光、多媒体技术，使得商品成为人们的视觉中心。最后，还要认真研究展示陈列商品与顾客之间的距离位置、观察角度和商品陈列方式。

2. 以人为本的原则

虽然商业展示陈列道具设计首要考虑的是商品，但最终目的是更好地将商品展示给顾客，这就需要在展具设计中考虑人的因素，做到以人为本。因此，要将人体的基础尺寸作为展具尺寸设计最主要的依据之一；要深入研究顾客在购买活动中的心理因素，为顾客创造一个舒适的购物环境；要认真研究当地的民族文化、风俗习惯，将其融入展具设计之中。另外，在展具设计中要针对特殊人群（如儿童、老人和残疾人）体现出人性化关怀的一面。

3. 功能性原则

传统展具功能主要有支撑、张贴、托载、悬挂等，现代展具结合新科技、新材料、新工艺以及形式美构成法则等，其功能更多样化。从单一的贮藏与展示物品的功能，发展为对空间的规划和对空间动线的引导；从简单的陈放物品功能，发展到展具与展品的交相辉映，实现渲染空间氛围、强化企业形象和空间主题的功能；从单调的图文张贴，发展到投影、LED、实物场景再现等虚拟情景技术，在传达信息的同时起到丰富空间表情、渲染氛围的作用。因此，设计师在进行展具设计的时候，首先要以其功能性为前提，多方面考虑功能与艺术和科技的融合，展现空间设计和艺术之美。

4. 经济性原则

从经营者的角度出发，商业展具设计要注重经济的要求，以最少的经济投入获得最好的效果。尽量做到结构简单，加工方便，减少原材料的消耗；努力提高展具的使用率，突出坚固、耐用，延长展具的使用寿命，并能达到反复使用、一物多用的目的；展具要尽量使用价格低廉的材料，不要刻意追求豪华高档的结构材料；实行标准化设计，除了一些特殊的展具外，一般应该注意标准化、系列化和通用化，要做到可任意组合变化、互换性强、多功能和易保存；注重造型简洁、自然朴实，少用复杂线型装饰与花饰，造型和组合形式要能突出展品的特性；表面处理应避免粗糙、简陋，也要防止过分华丽，色彩要淡雅、单纯，整体上给人以舒适感。

5. 绿色生态原则

展具设计要注重绿色生态原则，在设计时尽量采用无污染材料，遵循可持续发展的原则，在设计中不应该急功近利、只顾眼前，而要确立节能、充分节约与利用空间的设计理念。展具选用的材料比如主料、辅料，都应该达到国家环保要求，同时应该尽量选用可回收、再利用和能再生的材料。

商业品牌简单地讲是指消费者对产品及产品系列的认知程度。

品牌是制造商或经销商加在商品上的标志。它由名称、名词、符号、象征、设计或它们的组合构成。品牌是人们对一个企业及其产品、售后服务、文化价值的一种评价和认知，是一种信任。品牌已是一种商品综合品质的体现和代表，人们想到某一品牌的同时总会和时尚、文化、价值联想到一起，企业在创品牌时不断地创造时尚，培育文化，随着企业的做强、做大，不断从低附加值向高附加值升级，向产品开发优势、产品质量优势、文化创新优势的高层次转变。当品牌文化被市场认可并接受后，品牌才产生其市场价值。

品牌视觉识别系统不是独立于展示空间之外的设计，而是商业展示设计的一个分项。从某种意义上讲，文字、色彩、图形等构成的识别系统会对展示空间内部形象起到一定的干预作用，它不但发挥着空间引导作用，还会赋予展示空间明确的品牌形象识别特征，因此在设计时必须慎重。

一、字体设计

尽管现代商业展示设计已经运用了各种先进的技术手段，但字体仍然扮演着重要的角色，因为它更容易让公众理解和接受。在进行字体设计时，易读性是首要原则。一方面，字体的信息能够让公众看得清楚，另一方面，字体信息的含义能让公众快速理解。因此，在进行品牌标识系统中的字体设计时，简洁直观是必要的，应避免使用烦冗、专业性过强的词汇，从而让公众易懂。

1. 字体选择

标识系统的字体应尽量选择结构紧凑、简练、明确的字体，因为这种字体整体性强，更便于公众阅读。当然在选择字体时，还要考虑与所处的展示空间风格相匹配。例如与儿童相关的展示空间，即可选择与之相协调的趣味字体。

2. 字体大小与间距

展示空间中的字体大小设置并非随心所欲，字体大小的确定既与公众的观看距离有关，又能体现所在标识系统的层次等级。当公众在展示空间内驻足观看近距离的信息指示牌时，指示牌上的字体大小往往在15~25mm，这样的字体大小基本能够满足公众近距离观看。而如果公众处于动态观看且距离在5m以上的信息指示牌时，则字体相应就会加大到30~150mm，从而满足公众的动态观看。当然，距离与观看状态不是确定字体大小的唯一依据，字体内容所处标识系统的层次等级也是影响字体大小的重要因素。字体内容所处标识系统的层次越高，则字体相对越大；所处层次越低，则字体越小。

字体间距也是影响标识易读性的主要因素，因此在设计远距离的文字标识时，字与字间距离过于紧凑，有可能会造成重叠的视觉干扰，因此应有意识地加大字间距，以确保字体在各种情况下的易读性。

二、色彩设计

在标识信息传递过程中，色彩比字体、图形更具远视效果和强烈的视觉冲击，给公众的印象更为直接、深刻，它能使公众对不同展示内容和展示空间的区别判断更加准确快捷。

1. 色彩的标识分类

在一套完整的品牌视觉标识系统中，色彩能起到对标识信息进行分类的作用。

2. 色彩的对比运用

色彩对比度是进行品牌标识设计时需要考虑的一个重要因素。如果把有颜色的文字放在色彩鲜艳的背景上，则对比度会显得太弱。一般情况下，稳妥的色彩安排是在鲜艳的背景上使用白色字符，在浅色背景上使用黑色字符。利用色彩进行标识设计时，一定要进行图底色彩关系的对比分析，避免图底两种色彩反差过小，使文字模糊，同时要将公众最需要看到的信息用对比强烈的图底色彩表现出来。

3. 色彩的文化内涵

每种颜色所代表的含义会受到不同文化及历史阶段的影响。红色在中国会被赋予喜庆内涵，而白色往往作为寄托哀思之用。但西方却采用白色代表纯洁。这就是文化不同体现出的色彩认识差异。在利用色彩进行品牌标识系统设计时，要做好前期调研，避免因色彩使用不当带来不必要的误解。

三、图形设计

图形设计是指利用图形创意传递信息的设计手法，这种设计手法是将要传递的信息巧妙地融于图形中，强调图形的引申和延展意义。图形在易识别、意义共享方面较文字信息的传递更为直接快捷、更具可视性，并能引发观众联想，产生远远大于文字本身所传递的信息量。图形既可以独立完成信息的传达，也可与文字共同完成。

在展示品牌设计中，直观的图形很容易引起公众的注意。作为标识的图形从形态特征上可分为具象和抽象两种类型。

1. 具象图形

具象图形是对自然、生活中的具体物象进行一种模仿性的表达。具象图形设计主要取材于生活和大自然中的人物、动物、植物、静物、风景等，其图形特征鲜明、生动，具有较强的识别性，更容易使公众产生相应的认知，有利于信息传达的准确性及完整性。

在品牌标识设计中，具象图形的运用是一种重要的设计方法，可以综合多种设计语义进行信息传达，更具辨识性、写实性。具象图形具有鲜明的形象特征，是对现实对象的浓缩与精炼、概括与简化，突出和夸张其本质因素，形成一种单纯、鲜明的特征来呈现所要表达的具体内容。

2. 抽象图形

抽象图形往往不具有客观意义的形态，以理性的几何图形或符号作为表现形式，以抽象的形态符号来表达标识含义。

现代社会，新型的商品品种日益增多，这些标识的设计如果仍用一般的表现方式难以达到表达效果，这种情况下就需要创造出一种暗示含义的抽象特征符号来进行表达。

为了使非形象性转化为可视特征图形，设计者在设计创意时应把表达对象的特征部分抽象出来，可以借助于纯理性抽象形的点、线、面、体来构成象征性或模拟性的形象。抽象图形造型简洁，耐人寻味，能产生一种理性的秩序感，具有强烈的现代感和视觉冲击力，给观者以良好的印象和深刻的记忆。

模 块 四

项目实战与赏析

单元一
专卖店店铺设计

项目一　树里服装陈列室设计

　　本项目设计理念的出发点源自对自然与生命和谐包容的思考，作为一间成衣定制工作室，希望为客户提供有别于常规繁杂喧嚣的购物环境，通过设计创造一个充满自然和生机的空间，体验现代城市中久违的安适与平静。

　　空间采用极简的手法营造开放布局，一层为服装陈列展厅，二层为定制间和水吧，界面、展具、陈设、灯光、色彩的处理干净利落，天光、绿树等自然元素的引入画龙点睛，营造出平和与生动共生的空间氛围，实现生命、自然、艺术在设计中的完美结合。

　　自然孕育了生命，自然之美在于生命，生命之归宿也在于自然，生命与自然相互依存，彼此包含。我们想要打造生命与自然和谐共生的画面，创造一个空间，将现代品位和传统东方服饰文化融入这个开放的空间中，将其转变为生动的生活，使人们可以从城市的繁杂和喧闹中逃脱，寻找平和与宁静的生动空间（图4-1~图4-12）。

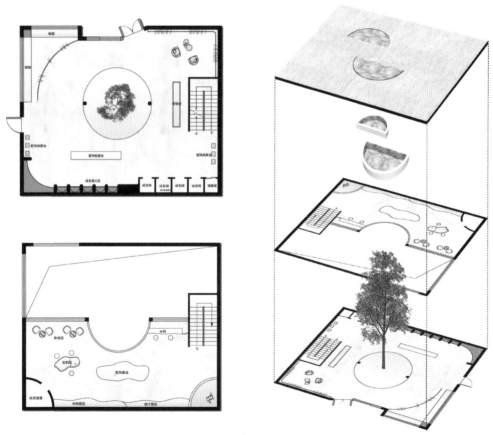

图 4-1　空间布局示意图

图4-2 店铺入口

图4-3 店铺中庭

图4-4 一楼收银区

图4-5 一楼中心展区

图4-6 一楼成衣展区

图4-7 一楼休息区

图 4-8　二楼展区

图 4-9　店铺主入口

图 4-10　店铺次入口

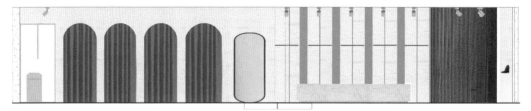

图 4-11　试衣区立面图

图 4-12　收银区立面图

项目二　花样年华主题旗袍店铺设计

　　"花样年华"旗袍店是一间以电影为装修主题的店铺，由一处旧厂房改建而成。改建后的店铺西侧加建了一处主题形象墙，主入口连通一条电影长廊后进入二层主展厅，包含成衣、配饰、面料的展示，楼下一层为定制室及休息、收银空间。设计中，我们探索了红砖、金属、丝绸等材料语言，也尝试了光感、色彩、镜头等电影语言，试图将这些元素融入建筑和室内设计之中，记录下旧时光、老电影和现代空间设计的交融，体现旧建筑的新生长（图4-13~图4-21）。

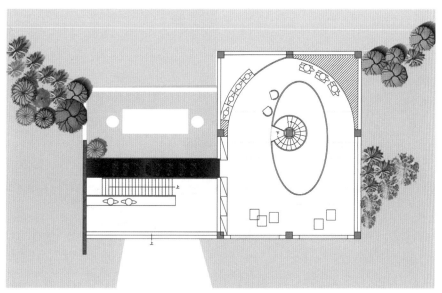

图 4-13　一层平面图

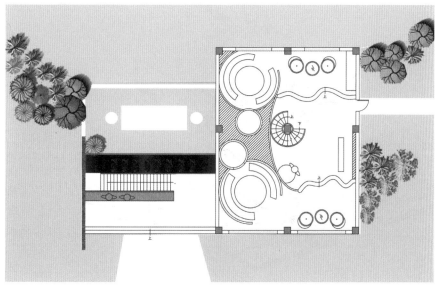

图 4-14　二层平面图

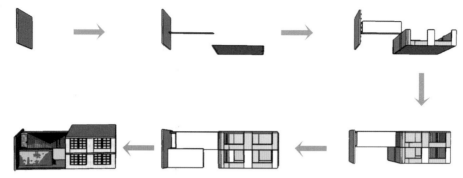

图 4-15　建筑生成图

图 4-16　店铺建筑外部

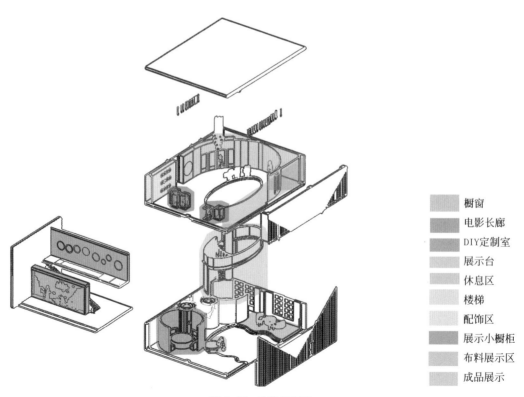

	橱窗
	电影长廊
	DIY定制室
	展示台
	休息区
	楼梯
	配饰区
	展示小橱柜
	布料展示区
	成品展示

图 4-17　功能分布图

图 4-18　电影长廊

图 4-19　一楼收银区

图 4-20　二楼展区

图 4-21　一楼定制室

单元二
商业展会设计

项目一　第十二届中国国际文化产业博览交易会
　　　　山东展区设计

山东展区

　　文化产业博览交易会能通过文化贸易，提升中华文化"走出去"的能力，让世界各国更加了解当代的中国。展会设计需考虑多方面的环境与因素，充分考虑内容的充实性和亮点，兼顾设计的创意、展现形式的多样化，配套活动与其搭配性以达到最佳的展示效果，从而在展会中脱颖而出，成为亮点。

　　本次设计坚持以内容为王，坚持文化与创意、文化与科技相融合，将山东文化以别样的形式向外传播，通过科技化的交互手段与表现方式，生动、形象地向受众传递山东文化。

　　山东展区位于一号展厅13号门，是其所在区域面积最大的展厅，临近面积稍大的分会场陕西展厅，有两条主流线，六条辅助流线。规划展出内容包括三部分，分别为山东特色文艺节目展演，有较大影响力的文化服务、文化产品（鲁剧、鲁版图书）和山东重点文化产业园区、文化企业。

　　展区设计理念契合山东本地特色，以"文化齐鲁，风行五洲"为主题，突出其独有的临海地理环境、悠长的文化和历史元素，以"文化传承、文化硕果、文化远扬"为主线，从展馆主题"文化齐鲁，风行五洲"中提取灵感，取意于"文化浪潮"，书卷之浪潮、文化之浪潮、席卷世界之浪潮，层层向外延伸扩散，迸发出生命与活力，如同在远洋的文化中激扬起的层层浪花与无限精彩，拥有源源不绝、生生不息的影响力（图4-22~图4-29）。

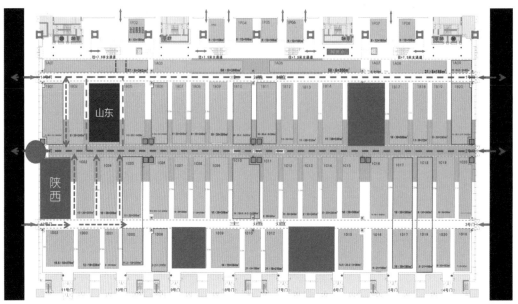

图4-22　展区区位动线分析

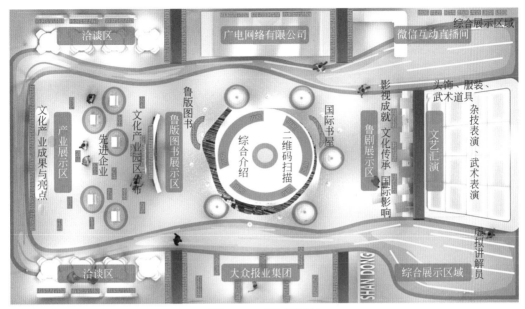

图4-23　展区功能分区

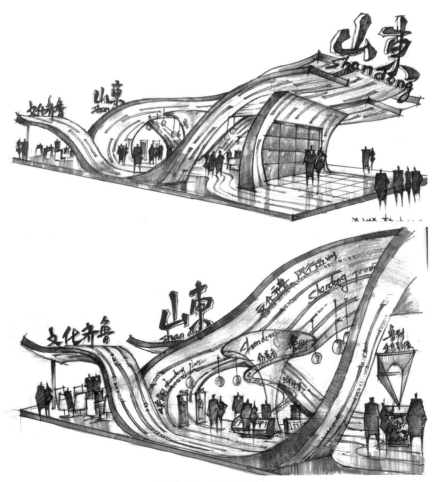

图4-24　初期手绘构思

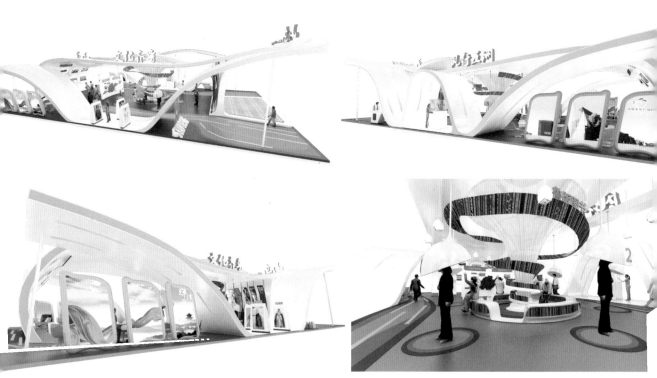

图 4-25 展区效果图

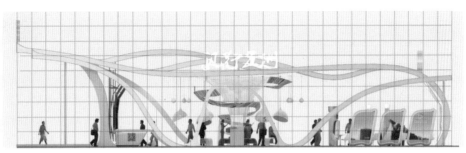

图 4-26　展区立面图

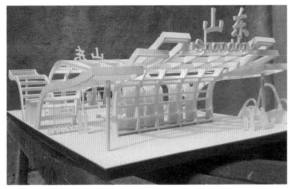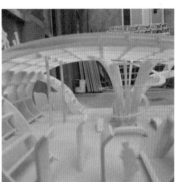

图 4-27　设计模型

图 4-28　展区现场图（一）

图 4-29　展区现场图（二）

项目二　第八届中国国际汽车博览会AIO展区设计

AIO的意思是ALL IN ONE，极致和极智是AIO想要传达的品牌精神。人车生活是AIO探索的核心领域。AIO所理解的人车生活绝不只是人与车简单的二维关系，而是创造两者间的一种有机互联，提供一个开放的平台，让先进技术和概念都能在这个平台中找到可嫁接的资源，共同为人们创造一个全新的车联生态圈。AIO将对科技的极致探索运用于实际操作中，致力于带给客户极致的体验。

针对AIO的品牌和产品特点，本次展区设计的主题着眼于三点：生态(绿色)、智能（蓝色）和安全（企业色——橙色），展现出科技、智能、未来的空间氛围（图4-30~图4-34）。

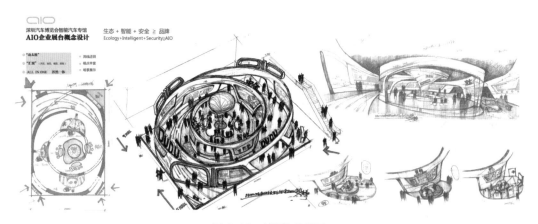

图 4-30　前期构思草图

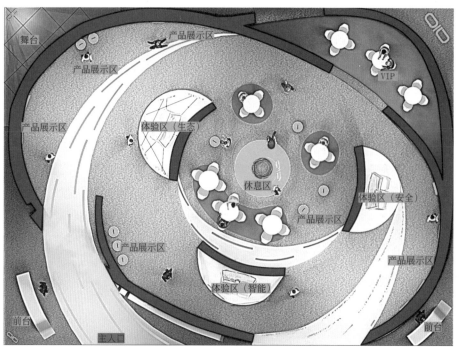

图 4-31　展区平面区

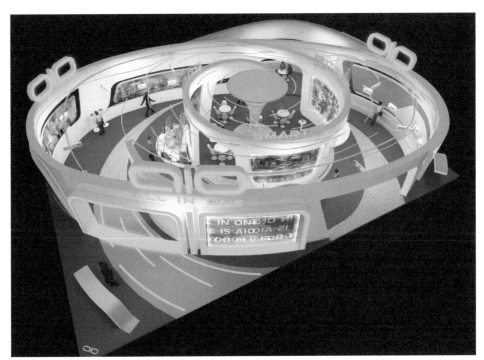

图 4-32　展区整体效果图

图 4-33

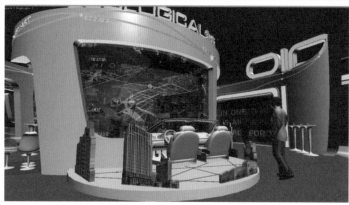

图4-33　展区内景效果图

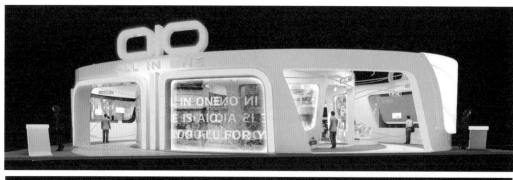

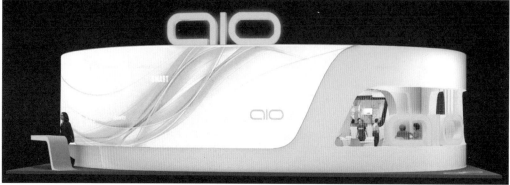

图4-34　展区外观效果图

项目三　国际电子展康佳品牌形象设计

　　设计师结合康佳"时尚，浪漫，创新生活每一天"的企业文化进行设计定位，为表现一种大气的、立意新颖的、给人印象深刻的互动性意念，最终选定了寓意热情、感性、具有感染力的玫瑰主题。

　　玫瑰蕴藏的浪漫特性伴随着时代的发展而日益凸显。同时玫瑰与中国传统文化中的脸谱在视觉表现形式上有一种呼应关系，玫瑰本身的靓丽特质又增强了视频产品本身所固有的视觉效果。从色彩上看，玫瑰神秘的红色是深埋在中国人心中的情结，寓意着一种民族的热情、民族的不屈、民族的进取和民族的创新（图4-35~图4-43）。

图4-35　康佳品牌 logo 和玫瑰元素

图4-36　玫瑰元素视觉设计过程

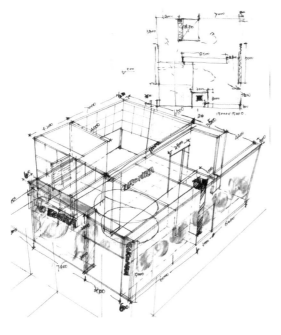

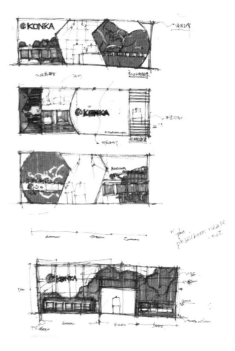

图4-37

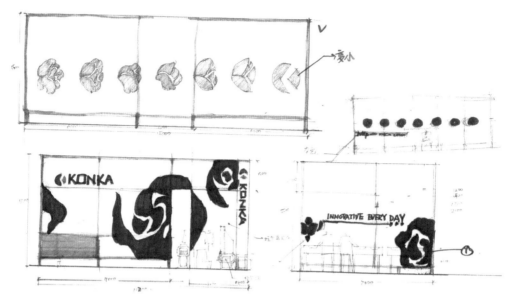

图 4-37　手绘视觉设计构思

图 4-38　手绘方案设计

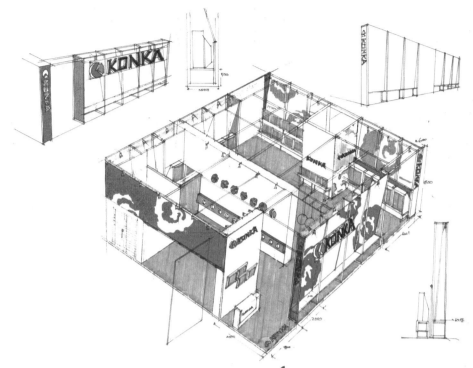

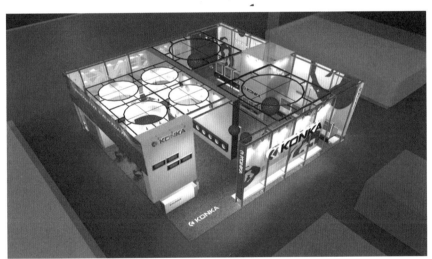

图 4-39　效果分析

图 4-40　主入口高处的 logo 和吸引人的玫瑰主题

图 4-41　巨大的康佳 logo

图 4-42　红色喷绘与玫瑰花样吊纱的完美结合

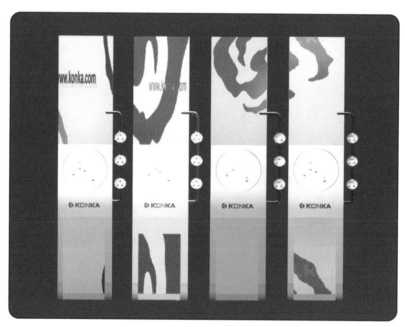

图 4-43　玫瑰形式的展柜设计

项目四　中国出口产品交易博览会格兰仕品牌形象设计

格兰仕作为中国家电的知名品牌，在安全性、实用性、美观感、技术性等方面得到了人们广泛的认可和接受。在这次产品交易博览会中，格兰仕为展现企业的开拓精神，确立品牌展示主题为"攻克星球、进军未来"，通过模拟太空飞船的形象塑造品牌展厅空间，设计元素极具科技感和未来感，寓意企业在科技上的锐意进取和创新精神（图4-44~图4-49）。

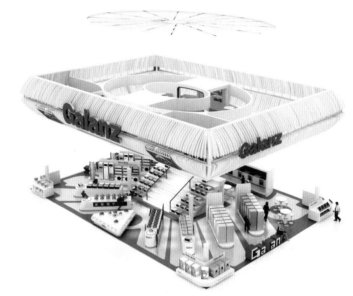

图4-44　展厅总体形象

图4-45　采用了全斜线展示形式的一层

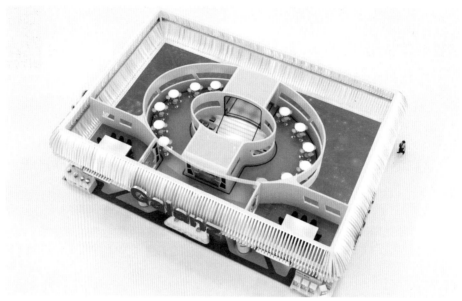

图 4-46　以太空舱为设计理念的二楼入口和布局形式

图 4-47　展厅整体形态

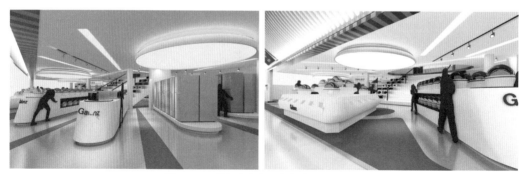

图 4-48　具有太空感和未来感的展台设计

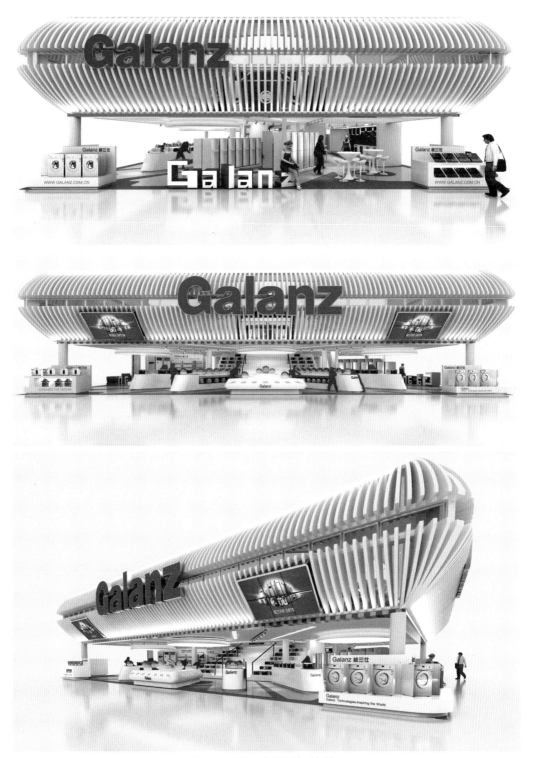

图 4-49　展厅立面品牌形象展示

参 考 文 献

[1]朱淳，邓雁.展示设计基础[M].上海：上海人民美术出版社，2005.

[2]刘宏伟，郑越文.高级陈列展览设计师[M].北京：中国劳动社会保障出版社，2006.

[3]章晴文.商业会展设计[M].上海：上海人民美术出版社，2007.

[4]王铮.展示设计基础与创意[M].北京：中国纺织出版社，2008.

[5]马江晖，刘新.商业空间展示设计实务[M].北京：机械工业出版社，2010.

[6]许超，刘年华，杨英.展示设计[M].湖南：湖南大学出版社，2011.

[7]任仲泉.展示设计[M].北京：清华大学出版社，2012.

Commercial
Space
Display Design

商业空间
展示设计

项目实训
手册

化学工业出版社

Commercial
Space
Display Design

商业空间
展示设计

项目实训

手册

学　校：_____

班　级：_____

姓　名：_____

项目实训一　商业展示空间的设计准备

前导训练任务书——商业展示空间调研报告

一、项目开展基本信息

1.项目实训人员：＿＿＿＿＿＿＿班＿＿＿＿＿＿＿

2.项目实训时间：第＿＿＿教学周至第＿＿＿教学周（＿＿＿年＿＿＿月＿＿＿日至＿＿＿年＿＿＿月＿＿＿日）

3.项目实训指导教师：＿＿＿＿＿＿＿＿＿＿＿＿＿

4.项目实训地点：＿＿＿＿＿＿＿＿＿＿＿＿＿＿＿

二、项目内容和要求

（1）2~3人构成项目小组，以所在城市的一线商业空间为调研对象，重点考察商业展示空间的分类、设计风格、基本要素等内容，了解商业展示设计的材质选择、展示色彩及照明设计。

（2）通过照片拍摄和文字采集等方式保留调研资料，并选择具有代表性的案例完成一份调研报告。通过资料整理和图文分析，完成PPT调研文本，并以小组为单位进行汇报交流。

（3）调研进度结合课内课外完成，课内安排4学时，课外利用周末时间，以小组为单位开展有组织的调研考察。

三、项目训练目标

1. 知识目标

（1）通过调研使学生对商业展示空间建立初步的感性认知。

（2）使学生对商业展示空间的概念、分类、特征及设计风格、设计要素等内容有直观的认识和理解。

（3）了解商业展示空间的多样性、市场性、地域性、社会性等特征。

2. 技能目标

（1）培养商业展示设计师的职业敏感度。

（2）复杂情况下的商业空间拍摄。

（3）资料整理及文字分析。

（4）文本制作及汇报。

四、项目实施过程

（1）制定调研计划表，包含小组人员组成、任务分工及调研进度安排等内容。

（2）调研考察内容记录。

（3）调研现场情况记录及工作照片拍摄。

五、项目成果提交

（1）PPT调研报告，图文并茂，版面设计简洁美观。

（2）汇报交流，时长6~8分钟。

六、项目评价和反馈

（1）学生自评互评。

（2）教师综合评价。

商业空间展示设计

商业空间展示设计项目实训手册

项目名称：

实训人员	
指导教师	
日　期	

项目评价：

调研计划

商业空间展示设计	商业空间展示设计项目实训手册	项目名称：		实训人员	指导教师	日　期	项目评价：

调研考察内容记录

商业空间展示设计项目实训手册

项目名称：

实训人员

指导教师

日　期

项目评价：

调研现场情况记录

项目一评价反馈表

学生自评互评表

班级：			学号：		姓名：	
项目名称：商业展示空间的设计准备						
序号	评价内容	分值	评价标准	自评	互评	
					组员1	组员2
1	实训态度	10	按时出勤，遵守纪律			
2	团队协作	10	集体意识和合作精神			
3	任务完成	40	符合项目任务书要求			
4	成果质量	20	调研报告完成质量情况			
5	汇报展示	20	汇报清晰熟练			
合计						
项目总结与思考：						

教师综合评价表

班级：			学号：		姓名：	
项目名称：商业展示空间的设计准备						
序号	评价内容	分值	评价标准	考核评价		备注
1	实训态度	10	按时出勤，遵守纪律			
2	团队协作	10	集体意识和合作精神			
3	任务完成	40	符合项目任务书要求			
4	成果质量	20	调研报告完成质量情况			
5	汇报展示	20	汇报清晰熟练			
合计						
项目问题与改进：						

项目实训二　商业展示空间的设计流程

基础训练任务书——商业展示空间设计流程策划与图纸表现

一、项目开展基本信息

1.项目实训人员：_____班_____

2.项目实训时间：第_____教学周至第_____教学周（_____年_____月_____日至_____年_____月_____日）

3.项目实训指导教师：_____

4.项目实训地点：_____

二、项目内容和要求

（1）以小型商业展示空间为设计对象，结合模块二学习任务，完成项目设计流程各环节的实施方案设计。

（2）完成该商业展示空间设计项目的主题策划，可尝试多角度拓展思维进行构思立意，可以通过创作"戏剧"、倾诉"故事"的创意方式，可以根据时令、节日进行创意选题，也可以是对社会、政治或经济发展趋势的诠释。

（3）完成该商业展示空间设计项目各阶段的图纸绘制。

① 方案草图绘制：根据设计理念、风格进行方案草图绘制。方案草图需要至少提供2套设计方案，每套设计方案中除平面布局图和空间透视图外，还需包括区域划分、动线规划等功能空间细节设计表达图纸。要表现出功能与空间的关系、空间关联关系和空间循环。

② 施工图绘制：符合CAD制图规范，图纸中尺寸、材料、细部、节点等内容需表达清晰。

③ 室内外空间效果图：室内外空间效果图使用电脑完成，其中室外效果图2张，室内效果图6~8张。

④ 电子图册：整合各类图纸，设计并制作电子图册，内容包括封面、封底、团队成员介绍、目录、设计说明、所有绘制图纸，其中纸质稿扫描成电子稿编排进图册，并制作成果展示和汇报交流PPT。

三、项目训练目标

1. 知识目标

（1）通过商业展示空间设计项目训练使学生对此类设计流程和内容有所掌握。

（2）使学生对不同类型商业展示空间的主题策划的创意路径深入理解。

（3）使学生对商业展示空间的图纸绘制、效果表现的方法和规范性有所掌握。

（4）使学生了解设计图册的制作过程。

2. 技能目标

（1）能够独立完成不同类型商业展示空间的主题方案策划。

（2）能够用手绘表达同一商业展示空间的多套创意方案。

（3）能够规范绘制商业展示空间的施工图。

（4）能够快速表现商业展示空间的效果图。

（5）能够协作完成图纸整理及图册制作。

四、项目实施过程

（1）完成项目设计流程中各环节的实施方案设计。

（2）项目主题策划。

（3）各阶段图纸绘制。

（4）成果展示及汇报交流。

五、项目成果提交

（1）PPT汇报，版面设计简洁美观。

（2）电子图册展示。

（3）汇报交流，时长8~10分钟。

六、项目评价和反馈

（1）学生自评互评。

（2）教师综合评价。

商业空间展示设计项目实训手册

项目名称：				
	实训人员	指导教师	日　期	项目评价：

项目设计流程

商业空间展示设计项目实训手册

项目名称：				
实训人员	指导教师	日 期	项目评价：	

项目主题策划

商业空间展示设计项目实训手册

项目名称：

实训人员	
指导教师	
日　期	
项目评价：	

设计图纸（可自行添页）

项目二评价反馈表

学生自评互评表

班级：			学号：		姓名：		
项目名称：商业展示空间的设计流程							
序号	评价内容	分值	评价标准	自评	互评		
					同学1	同学2	
1	实训态度	10	按时出勤，遵守纪律				
2	主题策划	20	符合流程要求且有新意				
3	图纸绘制	50	符合图纸数量及绘制规范要求				
4	汇报展示	20	汇报清晰熟练				
合计							
项目总结与思考：							

教师综合评价表

班级：			学号：		姓名：	
项目名称：商业展示空间的设计流程						
序号	评价内容	分值	评价标准	考核评价	备注	
1	实训态度	10	按时出勤，遵守纪律			
2	主题策划	20	符合流程要求且有新意			
3	图纸绘制	50	符合图纸数量及绘制规范要求			
4	汇报展示	20	汇报清晰熟练			
合计						
项目问题与改进：						

项目实训三 商业展示空间的设计实践

实践训练任务书——商业展示空间设计汇总手册

一、项目开展基本信息

1.项目实训人员：＿＿＿＿＿＿＿＿班＿＿＿＿＿＿＿＿

2.项目实训时间：第＿＿＿教学周至第＿＿＿教学周（＿＿＿年＿＿＿月＿＿＿日至＿＿＿年＿＿＿月＿＿＿日）

3.项目实训指导教师：＿＿＿＿＿＿＿＿＿＿＿＿＿

4.项目实训地点：＿＿＿＿＿＿＿＿＿＿＿＿＿＿＿＿＿

二、项目内容和要求

（1）以中型商业展示空间为设计对象，通过调研考察和资料收集，完成设计项目的前期策划任务书，内容应包括项目选址及周边环境、目标人群定位、项目类型及名称、项目设计意向、项目设计主题等。

（2）结合模块三学习任务，在前期策划任务书的基础上，根据设计构成内容完成该商业展示空间项目的空间布局、展具布置、商品陈列、店面、橱窗等设计内容，并绘制相应的设计图纸。

（3）汇总该商业展示空间项目前期调研策划的图文资料和各设计阶段的设计图纸，制作一份完整的设计汇总手册。

（4）根据项目开展的过程整理设计思路、设计成果，完成一份汇报PPT，进行成果展示和交流评价。

三、项目训练目标

1. 知识目标

（1）通过实践开展，使学生熟练掌握商业展示空间的设计流程。

（2）使学生对商业展示空间的布局规划、展具设计、商品陈列、橱窗设计、店面设计的方法有深入的理解，在掌握理论知识的基础上有效开展设计实践。

（3）在设计实践中进一步体会商业展示空间设计的市场性、地域性、社会性等特征。

2. 技能目标

（1）对项目的整体把控度。

（2）商业展示空间项目的调研策划。

（3）方案设计和图纸绘制表现。

（4）语言表达和交流沟通能力。

（5）商业展示设计师对项目的总结和思考。

四、项目实施过程

（1）制定该项目的设计实践计划表，包含时间进度安排、各阶段的任务安排和具体要求、图纸数量等内容。

（2）方案设计及图纸绘制。

（3）成果展示及汇报交流。

五、项目成果提交

（1）A3设计汇总手册。

（2）PPT设计报告，图文并茂，版面简洁美观。

（3）汇报交流，时长6~8分钟。

六、项目评价和反馈

（1）学生自评互评。

（2）教师综合评价。

商业空间展示设计项目实训手册

项目名称：

实训人员	指导教师	日　　期	项目评价：

设计实践计划表

商业空间展示设计

商业空间展示设计项目实训手册

项目名称：

实训人员	指导教师	日　期	项目评价：

项目策划任务书

商业空间展示设计

商业空间展示设计项目实训手册

项目名称：

实训人员

指导教师

日　期

项目评价：

设计图纸（可自行添页）

项目三评价反馈表

学生自评互评表

班级：			学号：		姓名：	
项目名称：商业展示空间的设计实践						
序号	评价内容	分值	评价标准	自评	互评	
					同学1	同学2
1	实训态度	10	按时出勤，遵守纪律			
2	任务完成	30	符合项目任务书要求			
3	成果质量	40	设计手册完成质量			
4	汇报展示	20	PPT制作及汇报效果			
合计						
项目总结与思考：						

教师综合评价表

班级：			学号：		姓名：	
项目名称：商业展示空间的设计实践						
序号	评价内容	分值	评价标准	考核评价		备注
1	实训态度	10	按时出勤，遵守纪律			
2	任务完成	30	符合项目任务书要求			
3	成果质量	40	设计手册完成质量			
4	汇报展示	20	PPT制作及汇报效果			
合计						
项目问题与改进：						